李毓佩

数学 分级阅读

SHUXUE
FENJI YUEDU

跳出课本的数学故事

智斗群狼

李毓佩 著

U0265172

长江出版传媒 | 长江少年儿童出版社

鄂新登字 04 号

图书在版编目（CIP）数据

李毓佩数学分级阅读：跳出课本的数学故事 . 智斗群狼 /
李毓佩著 . — 武汉：长江少年儿童出版社，2020.9
ISBN 978-7-5721-0824-2

Ⅰ . ①李… Ⅱ . ①李… Ⅲ . ①数学－少儿读物 Ⅳ . ① O1-49

中国版本图书馆 CIP 数据核字（2020）第 146645 号

智斗群狼

出 品 人：何 龙
出版发行：长江少年儿童出版社
业务电话：(027) 87679174 (027) 87679195
网 址：http://www.cjcpg.com
电子邮箱：cjcpg_cp@163.com
承 印 厂：湖北新华印务有限公司
经 销：新华书店湖北发行所
印 张：9
印 次：2020 年 9 月第 1 版, 2021 年 9 月第 3 次印刷
规 格：710 毫米×920 毫米
开 本：16 开
书 号：ISBN 978-7-5721-0824-2
定 价：28.00 元

目录

动物智斗记

智斗群狼

小鼹鼠人小志大，他想周游世界。他的前脚长有利爪，擅长在地下开道。他先钻到了北极，认识了白熊伙伴，又决定南行，开始新的探险。他在地下穿行，速度很快。走着走着，他听到"咩——咩——"非常悲惨的羊叫声。

"出什么事啦？"小鼹鼠决定上去看看。他小心地从土里钻了出来。只见一大群羊围成一个圆圈，羊公公站在圆圈的中央。羊公公对大家说："狼群给咱们来了一封信，信上说他们要对咱们进行三次袭击。第一次专吃公羊，他们是 4 只狼吃掉 1 只公羊；第二次专吃母羊，他们是 3 只狼吃掉 1 只母羊；第三次是吃小羊，他们是 2 只狼分吃 1 只小羊。"

"啊？群狼是要把咱们斩尽杀绝呀！"群羊议论纷纷，十分恐慌。

"他们还说知道咱们总数是 65。只要咱们能算出他们的总数，他们就同意把袭击时间推后三天。"羊公公一字一顿地说道。

羊妈妈小心地问道："谁会算狼的数目？"在场的羊，你看看我，我看看你，一个个都低下了头。

羊妈妈摇了摇头，说："你们都不会算，那就干等着狼群来吃掉咱们啦！"

"咩——"一时间小羊哭，大羊叫，乱成一片。

"我会算！"在这紧急关头，小鼹鼠挺身而出。他跑进圆圈里对群羊说："只要先算出 1 只狼要吃掉多少只羊，就可以算出有多少只狼了。"

群羊见这个从土里钻出来的小家伙会算，就都围拢上来了。

小鼹鼠说："2 只狼分吃 1 只小羊，每只狼

吃 $\frac{1}{2}$ 只羊；3只狼分吃1只母羊，每只狼吃 $\frac{1}{3}$ 只羊；4只狼分吃1只公羊，每只狼吃 $\frac{1}{4}$ 只羊。合在一起，每只狼吃掉 $\frac{1}{2}+\frac{1}{3}+\frac{1}{4}=\frac{13}{12}$（只）羊。再做一次除法：$65\div\frac{13}{12}=65\times\frac{12}{13}=60$（只）狼，算出来了，共有60只狼。"

"哎呀！有这么多狼啊！"羊公公倒吸了一口凉气。他镇定了一下，说："不过，咱们算出他们的总数，总可以拖延三天了。"

羊公公一面派一只羊把答案给狼群送去，一面和群羊商量对策。羊公公说："狼嗜杀成性，他们肯定还要来袭击咱们，咱们还得想想办法才行。"

一只健壮的大公羊摇晃着头上的大犄角，愤怒地说："不要怕这些恶狼，咱们要和他们斗，拼个你死我活！"

"肯定要和他们斗，不过要知己知彼呀！要能知道狼群下一步干什么，我们就可以针对他们的计划采取行动。"羊公公处理事情十分谨慎。

"看我的！我去把狼群下一步的行动计划摸清楚。"小鼹鼠说完就钻进土里去了。

小鼹鼠离开羊群，直朝群狼所在的方向飞奔而去。渐渐地，他听到了狼的嗥叫声。小鼹鼠继续破土前进，一直钻到了狼群的脚底下。他往地上钻出一个小洞，仔细听着群狼的对话。

一只狼用嘶哑的声音吼道："不成！宽限他们三天，

美死他们啦！我要求今天晚上就出击，把羊群全部吃掉！"

另一只狼声音十分苍老，他慢吞吞地说："你着什么急？这群羊早晚都是咱们口中的美食，咱们要学猫捉老鼠的本事，要连玩带吃嘛！"

"哈哈哈哈！"群狼发出一阵狂笑。

一只小狼问："咱们怎么逗逗这群羊？"

"咱们和他们做个游戏。只要如此这般，今天晚上就可以提回 15 只肥羊，供咱们享用。"老狼刚说完自己的主意，群狼就大声叫好。不过老狼的打算被小鼹鼠听得一清二楚，他赶紧跑了回去。

老羊见小鼹鼠急匆匆赶了回来，忙问他听到了什么。小鼹鼠把老狼的阴谋诡计一五一十地说了一遍，之后告诉老羊如何粉碎老狼的阴谋。小鼹鼠刚刚说完，就听到一阵急促的脚步声，老狼带着 14 只剽悍的大公狼赶来了。

老狼对群羊说："我们对你们的袭击向后推迟了三天，今天我们要和你们做个游戏。我们来了 15 只狼，你们出 15 只羊，咱们排成一个圆圈。从某一只狼或某一只羊开始顺时针数，凡是数到 10 的就站出来，然后再接着从 1 数起，当站出来的够 15 只时，游戏停止。"

老羊问："站出来的将受到怎样的惩罚呢？"

老狼奸笑着说："如果站出来的是羊，那就只好跟我们走啦。"

老羊又问："如果是狼呢？"

"这个……"老狼没词儿了。这是老狼没有料到的。老羊说："如果是狼，就让我们的公羊用犄角在他的屁股上扎两个洞！"

老狼自认为必胜无疑，就奸笑两声答应了下来。接着，双方在由谁来安排圆圈里狼和羊的位置的问题上争执不下。最后老狼不相信老羊会排出什么花样，答应由老羊先排。这里用白点代表羊，黑点代表狼，将15只羊和15只狼排好（见图）。

从老羊开始数，第一个下来的就是狼(图中写1的黑点)，没等这只狼站稳，1只大公羊低着头冲了过来，照着他屁股用力一顶，只听这只狼大叫一声，摔倒在地，屁股上出现了两个大洞。

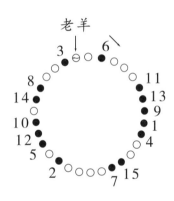

接着往下数，第二个下来的还是狼，第三个下来的也是狼，15个都数下来，只见15只狼部倒在了地上，个个屁股上都有两个洞！

长鼻子大仙

　　森林里，小动物们一起过着快乐的生活。有一只聪明机智的小猕猴侦破了森林里的好多大案，大侦探的名号在森林里叫得非常响。

　　一大早，虎大王就把小猕猴找了去。

　　虎大王说："近来大森林里的案子不断，我任命你为森林大法官，办理各种案子！"

　　小弥猴向虎大王行了一个举手礼："是！"

　　小弥猴刚离开虎大王，一只鼻子奇短的大象就拦住了他。

　　大象对小猕猴说："猴法官，还我鼻子！"

　　小猕猴惊奇地问："我什么时候欠你鼻子啦？"

　　小猕猴又仔细观察大象的鼻子，好奇地问："你的鼻子怎么变成短鼻子啦？"

　　大象一脸委屈地说："都是一个蒙面大仙搞的！"

　　"你仔细说说。"猴法官让他慢慢说。

　　大象说："有一天，我遇到一位法力无边的大仙。他问我知不知道现在最时髦的大象长得什么样，我说不知道。"

那天，大仙告诉大象："当前最时髦的是短鼻子大象！鼻子一短就显得有精神！"

大象点点头说："有道理！可是谁能把鼻子弄短呢？"

大仙一指自己说："只有我能！只要你给我弄一只鸡来，我就能把你的鼻子弄短。"

"行！"大象跑出去，很快弄来一只鸡，交给了大仙。大仙给了大象一颗药丸，让大象吃了。

大仙又给大象一面小锣和一个锣槌。大仙说："你敲一下小锣，喊一声'缩'，鼻子就会缩为原来的一半。"

大象又问："如果我再敲一下小锣，再喊一声'缩'呢？"

大仙说："你的鼻子会缩成原来的一半的一半。"

"真好玩！我来试试。"大象拿起小锣，"当！当！当……"连敲了好多下，一边敲锣，一边喊："缩！缩！缩……"只见大象的鼻子快速地缩短。

大象一摸自己的鼻子缩没了，可着急了。

大象对大仙说："我原来只想把鼻子变短些，谁知道我敲多了，把鼻子给缩没了。大仙帮忙，再让我的鼻子长出来点儿吧！"

大仙摇晃着脑袋说："我也不知道你敲了多少下，不好办哪！"

大象一个劲儿地哀求："大仙救命！"

大仙想了想，说："除非你给我弄 20 只活的大肥母鸡，否则没办法！"

"我到哪里弄 20 只活母鸡去？"大象无奈地离开了大仙，直到他遇到了猴法官。

大象终于一五一十地把事情的经过解释清楚了。

猴法官安慰他说："你不要着急，你告诉我，你原来的鼻子有多长？

大象说："2 米"。

猴法官掏出尺子，把大象现在的鼻子量了一下，说："现在只剩下 0.125 米了。"

大象吃惊地叫道："啊，就剩这么短了？"

猴法官说："你敲一下锣，鼻子就缩为 1 米，敲两下就缩为 0.5 米，敲 3 下缩为 0.25 米，敲 4 下就缩为 0.125 米了。"

大象明白了："这么说，我刚才是敲了 4 下锣。好，我这就去找大仙。"

过了一会儿，大象耷拉着脑袋回来了。他对猴法官说："我告诉大仙，一共敲了 4 下锣，可他还是不把我的鼻子复原。"

猴法官找到大仙，问："你可以把鼻子弄短吗？"

大仙点头回答："小仙会此法术。这里有药丸和小锣，猴法官不妨一试。"

猴法官又问："如果我吃了药丸，别人敲小锣，鼻子也可以一样缩短吗？"大仙点了点头。

"来人！"猴法官一声令下，"把这个害人的大仙给我拿下！"

"是！"两只黑熊从旁边跳了出来，把大仙抓住。

猴法官把药丸交给黑熊，说："把这个药丸给他吃下！"

大仙听说要给他吃药丸，急得乱跳："我不吃！我不吃！"但是挣扎没用，黑熊强硬地把药丸给大仙喂了下去。

猴法官拿起小锣，"当！"敲了一下，喊了声："缩！"

大仙一摸鼻子，说："我的鼻子只剩一半啦！"

"当！当！当……"猴法官连喊："缩！缩！缩……"眼看大仙的鼻子缩没了，大仙一屁股坐在了地上。

猴法官问："你有没有能使鼻子变长的药？"

大仙摆摆头："我没有这种药。"

猴法官摆摆手，对黑熊说："放他走！"

大仙站起来，双手捂着鼻子，边走边叫："哎哟，我可怜的鼻子哟！"

猴法官远远跟着大仙。大仙走到无人处，从口袋里拿出一小袋药。

大仙仰天大笑："哈哈，小猴子让我骗啦！"

大仙自言自语地说："我有缩鼻子药，当然就有长鼻子药喽！"

大仙又拿出一个小鼓："不过，长鼻子不能敲锣，要敲鼓！"说完，他吃下了一粒药丸。他拿起鼓刚想敲，却又愣住了。

大仙嘟囔着："我忘了数小猴子敲几下锣啦！我想……至少也要敲6下吧！"大仙开始敲鼓，"咚！咚！咚……"嘴里喊着："长！长！长……"

眼看着大仙的鼻子噌噌噌往外长，一下子长到2米长。

大仙说："坏了，我敲多了！"

猴法官噌的一下从树上跳下来，说："你全给我吧！"一把将大仙手中的药袋和小鼓抢走。

猴法官找到大象，让他吃了药，然后举起小鼓"咚咚咚咚"敲了4下，嘴里连声喊道："长！长！长！长！"

大象高兴地说："哈，我的鼻子恢复原样啦！"

大仙拖着长鼻子，说："我的长鼻子可怎么办？"

寻找长颈鹿

我的鼻子去哪儿了

酷酷猴面向黑猩猩头领金刚站定，一抱拳说："金刚请听题。"

金刚一脸满不在乎的样子，大嘴一撇说："随便考！"

只见酷酷猴在地上画了3个圆圈，又点上许多点（见下图）。

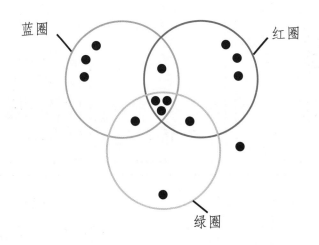

蓝圈　　　　　　　　　　　　　红圈

绿圈

酷酷猴说："我画了红、蓝、绿3个圈，又点了14个点。"

金刚不明白地问："你这是干什么呀？咱们是玩跳房子，

还是玩过家家？"众黑猩猩听了一阵哄堂大笑。

酷酷猴没笑，他一本正经地说："这 14 个点代表 14 件东西：3 只兔子，1 只松鼠，3 只蝉，3 只猫，1 只鬣狗，1 个爱吃肉的老头，1 个淘气的小孩和我的鼻子。"

金刚又问："那 3 个圆圈有什么用？"

酷酷猴解释说："红圈里的点代表四条腿的动物；蓝圈里的点代表会爬树的；绿圈里的点代表爱吃肉的。"

金刚还是不明白："你让我干什么？"

酷酷猴说："我让你指出哪个点代表我的鼻子。"

"这 14 个点都一模一样，让我到哪儿去找酷酷猴的鼻子？"金刚由于找不到要领，急得抓耳挠腮。

裁判长颈鹿见时间已到，站起来宣布："时间已到。金刚没有回答出来，下面由出题者给出答案。"

酷酷猴说："由于我的鼻子没有四条腿，因此不会在红圈里；我的鼻子自己不会爬树，不会在蓝圈里；我的鼻子不爱吃肉，也不会在绿圈里。所以 3 个圆圈外的那个点代表我的鼻子。"

花花兔跑过来问："哪 3 个点代表 3 只兔子？"

酷酷猴答道："由于兔子有 4 条腿，应该在红圈里。但是，兔子不会爬树，不能在蓝圈里，兔子也不吃肉，不能在绿圈里。所以，只能是红圈的这 3 个点，代表 3 只兔子。"

这时，松鼠、鬣狗、蝉、猫纷纷围过来问："哪个点代表我？"

酷酷猴笑着说："嘻嘻！都来问了。好了，我都给你们一一指出来。"酷酷猴把各点代表谁都标了出来。

"都标明了，自己去找吧！"（见下图）

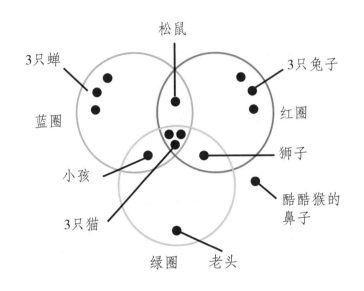

破碎数

　　"分数"在拉丁文中的意思是打破、断裂。汉语中"分"是分开、部分的意思。古希腊欧几里得的《几何原本》中，真分数为 $\mu\varepsilon\rho\eta$，也是部分的意思。

　　200多年前，瑞士数学家欧拉在《通用算术》一书中说："要把七米长的一根绳子分成三等份，是不可能的。不可能的原因是找不到一个合适的数来表示它。如果我们把三等份所得的商（即 $\frac{7}{3}$）也当作数的话，就使我们了解了一种特别的数。我们就把这种数叫作'分数'或'破碎数'。"

　　"分数""破碎数"这两个名字直观而且生动。一个西瓜4个人分，不把西瓜"破碎"成4块能分吗？从分数的名字上就可以看出，分数来源于等分或除。

　　中国是最早使用分数的国家之一。早在2000多年以前，我国在计算每个月有多少天时，就出现了复杂的分数运算。我国古代主要研究分子小于分母的真分数，形象地把分子叫"子"（儿子），把分母叫"母"（母亲）。分子、分母反映了它们的大小关系。

谁最老

零国王一行到了分数王国，听到那儿吵吵嚷嚷乱作一团。$\frac{1}{10}$国王看到零国王来了，如同见到救星，赶忙请零国王来评评理。

零国王先对$\frac{1}{10}$国王点头致意，随后对全体分数说："有什么大不了的事，值得你们这样大吵大闹的？"

零国王话音刚落，$\frac{1}{11}$就跳出来问："人类提倡尊老爱幼，咱们数的大家庭中，是不是也应该尊敬年老的数呀？"

"应该，应该！"零国王点点头说，"尊重老年数，也是我们的一种美德。"

1司令问："在你们分数中，哪些数是老年数？"

$\frac{1}{11}$高傲地把头一扬："最老的分数应该是我们埃及分数。"

"埃及分数？我只听说过埃及的金字塔和木乃伊，从没听说过还有什么埃及分数。"学生小华觉得挺新鲜。

$\frac{1}{11}$解释说："埃及分数就是分子是1的分数，比如$\frac{1}{2}$、

$\frac{1}{3}$、$\frac{1}{4}$……"

小华问："你们埃及分数有多大年纪啦？"

"现在保存在大英博物馆的古埃及纸草书中，就有关于埃及分数的记载。这份纸草书是大约公元前1650年，由一个叫阿墨斯的人写成的。这样算起来，离现在已有3000多年。"

"啊！"小华惊讶地说，"你们有3000多岁了，真是数中的老寿星啊！"

$\frac{7}{8}$在一旁没好气地说："埃及分数总是倚老卖老，其实并没有什么真本事，恐怕连一个其他分数都表示不成！"

"什么？"$\frac{1}{8}$跳出来大叫，"$\frac{1}{2}$、$\frac{1}{4}$站出来，咱们给他做个加法。"

$\frac{1}{4}$用加法钩子钩住$\frac{1}{2}$，$\frac{1}{8}$又用加法钩子钩住$\frac{1}{4}$，成了$\frac{1}{2}$ + $\frac{1}{4}$ + $\frac{1}{8}$。噗！一股白烟过后，出现在大家面前的是$\frac{7}{8}$。

小华拍着手说："$\frac{7}{8}$可以用三个埃及分数来表示，真有意思。"说着，三个埃及分数又恢复了原样。

$\frac{1}{8}$摇晃着脑袋对$\frac{7}{8}$说："怎么样？把你表示出来了，服不服？"

"哼，没什么了不起！"

"没什么了不起？"$\frac{1}{8}$转身从后面端出 7 个大面包，对$\frac{7}{8}$说，"这里有 7 个面包，大小都一样。你把这 7 个面包平均分成 8 份，请零国王和$\frac{1}{10}$国王吃，请 1 司令和 2 司令吃，请小强和小华这两位小客人吃，咱俩也一同陪着吃。你来分吧！"

$\frac{7}{8}$心中暗喜：你这道题算是出对路子啦！7 个面包由 8 个人平分，每人分得的正好是我——$\frac{7}{8}$个面包。想到这儿，$\frac{7}{8}$笑着说："这还不容易，我把每个面包都切成 8 等份，分给每个人 7 份不就成了吗？"$\frac{7}{8}$拿起刀就要切。

"慢！"$\frac{1}{8}$拦住$\frac{7}{8}$，说，"把面包切成那么多小块，似乎对客人不够尊重。要求分给每位客人$\frac{7}{8}$个面包，但块数不得超过 3 块，请分吧！"

"这个……"$\frac{7}{8}$举着刀，琢磨了半天也无从下手。他心想：每人分得的块数不能多于 3 块，这能办到吗？他别蒙我！$\frac{7}{8}$反问$\frac{1}{8}$："你会分吗？"

"我不会分，能让你分吗？"$\frac{1}{8}$挥手把$\frac{1}{2}$和$\frac{1}{4}$又叫了出来。他把其中 4 个面包交给了$\frac{1}{2}$，2 个面包交给$\frac{1}{4}$，最后一个面包自己留下，然后把手向下一挥，喊了声："开始分！"

$\frac{1}{2}$ 用刀把 4 个面包每个都平均切成 2 份，一共分了 8 份；$\frac{1}{4}$ 把 2 个面包每个都平均切成 4 份，一共也分了 8 份；$\frac{1}{8}$ 把手中的一个面包平均分成了 8 份。

$\frac{1}{8}$ 拿了一块大的、一块中等的、一块小的，说："这 3 块合在一起正好是 $\frac{7}{8}$ 个面包。"说着给每人分了 3 块面包。

小华一想，$\frac{1}{2} + \frac{1}{4} + \frac{1}{8} = \frac{7}{8}$，便竖起大拇指称赞说："你这个分法真巧妙。"

$\frac{1}{8}$ 得意地说："怎么样？姜还是老的辣嘛！我们埃及分数不但资格老，用途还大呢！"

零国王被说服了，他对学生小华说："埃及分数还真有两下子，我看可以给他们点特殊照顾。"

小华笑了笑没说话，他走到 1 司令身边，小声对 1 司令说了几句。

1 司令站出来对 $\frac{1}{8}$ 说："朋友，如果你能用 8 个分母是奇数的埃及分数，把我 1 司令表示出来，我就同意给你们特殊照顾。"

$\frac{1}{8}$ 盯着 1 司令沉思了一会儿，挥手叫出 8 个分母是奇数的埃及分数，令他们做加法：

$$\frac{1}{3} + \frac{1}{5} + \frac{1}{7} + \frac{1}{9} + \frac{1}{11} + \frac{1}{15} + \frac{1}{35} + \frac{1}{45}$$

噗的一股白烟过后，这 8 个分数变成了 $\frac{230}{231}$。

1 司令指着 $\frac{230}{231}$ 说："他比我还差一点儿呀！"

$\frac{1}{231}$ 跑过来说："再加上我就正好等于 1 啦！"

1 司令摇摇头说："不成，不成。再加上你就是 9 个埃及分数啦，我要的是 8 个。"

$\frac{1}{8}$ 一声令下，让 $\frac{1}{35}$ 和 $\frac{1}{45}$ 下去，由 $\frac{1}{21}$ 和 $\frac{1}{315}$ 来代替，又做了次加法：

$$\frac{1}{3} + \frac{1}{5} + \frac{1}{7} + \frac{1}{9} + \frac{1}{11} + \frac{1}{15} + \frac{1}{21} + \frac{1}{315}$$

结果变出来的还是 $\frac{230}{231}$。

$\frac{1}{8}$ 一会儿调换这个数，一会儿调换那个数，折腾了半天，也不能用 8 个分母是奇数的埃及分数表示出 1 司令。

小华拦住 $\frac{1}{8}$ 说："好了，不用再折腾了。数学家已经证明，用分母是奇数的埃及分数的和来表示 1，仅有 8 种方法，但是，每一种表示方法都不少于 9 个埃及分数。"

$\frac{7}{8}$ 撇着嘴对 $\frac{1}{8}$ 说："连表示一下 1 司令，都至少要 9 个埃及分数，你们使用起来可真够麻烦的。"

$\frac{1}{8}$ 自知理亏，低头不语。

梦游零王国

你零是和零拥抱，就是和零相乘，乘积就是零。

那样你就变成零啦！你想成为我们的零成员吗？

不想，不想。

游艺室

奇怪呀！一边只有一个零，另一端有好几个零，这跷跷板怎么能玩起来呢？

你忘了？我们这儿全是零。一个零是零，几个零相加其和还是零，两边重量一样啊！

0＋0＝0

零真奇妙啊！

"零零零"

哎呀，大事不好了，你快跑吧！

怎么回事？

零王国有一个成员十分可怕，这是他在唱歌。他见人就拥抱，他要抱上你，一做乘法，你就变成零啦！

小同学别跑呀，让我抱你一下！

不抱！不抱！

啊！

吓我一头汗！

不过，去一趟零王国也挺值得的。小朋友，你去不去？

智斗鬼子兵

鬼子进村

故事发生在抗日战争时期河北省一个叫马家村的地方。那一年，马克11岁，是马家村小学四年级的学生。马克学习努力，成绩名列全班第一。

听大人们说，日本鬼子就要打到马家村了。村里各家各户都在收拾东西，准备逃命。马克的书也念不成了，妈妈让他背上一小袋粮食，提上一包衣服，准备往山里撤。

马克来到村头，见于爷爷一个人坐在家门口，着急地说："于爷爷，日本鬼子快进村了，您还不走？"

"走？"于爷爷摇头说，"我今年84岁了，已经有三个孙子、孙女，我不怕死！我要拿老命跟鬼子们拼一拼！"

马克又问："您的孙子和孙女呢？"

于爷爷说："他们都小，我让他们跟父母走啦！"

马克问："他们都多大了？"

于爷爷摇摇头说："你真爱刨根问底！说来也巧，他们三个人岁数的乘积恰好等于我的岁数，而且两个小孙女岁数之和正好等于大孙子的岁数。你自己算一算我的孙子、孙女各多少岁。"

马克可不怕做数学题，他蹲在地上写了一道算式：

$$84 = 3 \times 4 \times 7$$
$$= 2 \times 6 \times 7$$
$$= 2 \times 3 \times 14$$

马克说："乘积是 84 的三个数中只有 3+4=7 符合您的要求。所以，可以肯定，您的孙子 7 岁，两个孙女，一个 4 岁，一个 3 岁。"

这时，村外响起枪声，有人高喊："快跑呀！鬼子进村啦！"只见马家村的村民拉着牛，赶着猪，纷纷向山里逃去……

马克放下粮袋，着急地对于爷爷说："于爷爷，我背您走！"于爷爷用力推了马克一把，说："孩子，你快逃命去吧！"

马克要背于爷爷走，于爷爷说什么也不走。这时，鬼子的骑兵已经把马家村团团围住，一些跑得慢的村民被围在里面。

一个骑着枣红马、鼻子底下留着一小撮胡子的日本军官，指挥日本士兵，把被围的村民都轰到打麦场，马克扶着于爷爷

也站在人群当中。

小胡子皮笑肉不笑地说："大家不要害怕，我们是来开发大家的智力的。"说着命令士兵拿来 8 个盘子摆在桌子上，又拿来 28 个苹果放到一边。

小胡子说："我要考考你们，看谁能把这 28 个苹果放到 8 个盘子里，不仅每个盘子里都要有苹果，而且每个盘子里的苹果数目都不同。谁能办到，我就把这 28 个苹果送给谁。"

"如果你们都做不到，"小胡子把腰间的指挥刀唰的一声抽了出来，瞪圆双眼吼道，"就请你们把脑袋统统地送给我！你们大概还不知道，我的外号叫'杀人魔王'！"说完，只听"咔嚓"一声，小胡子抡刀把一棵小树拦腰砍断。

小胡子用刀一指人群中的王大伯，说："老头儿，你来放苹果！"王大伯走到桌前，拿起苹果往盘子里放。左放一次，不成；右放一次，还不成。

小胡子下了马，围着王大伯转了一圈儿，恶狠狠地说："看来你的智力十分低下，留着你有什么用？你把脑袋送给我吧！"说着举起指挥刀就要往下砍。

"慢！"马克一个箭步跳到小胡子面前，说，"你出了一个十分愚蠢的题！你提的要求根本做不到！"

"你胡说！"小胡子举着刀指向马克。

"我没有胡说。"马克从容不迫地说，"按8个盘子装的最少苹果数来算，应该分别是1、2、3……8个，而1+2+3+…+8=36。也就是说，最少要有36个苹果才能达到你的要求，而这里只有28个，谁也做不到！"

"啊！"小胡子举刀猛地劈下去……

临危不惧

小胡子这一刀，把放苹果的桌子劈成两半，苹果和盘子满地乱滚。

小胡子见马克一点儿也不害怕，心中暗暗称奇。他用力拍了拍马克的肩头，说："你的智力顶好！不过你要回答我两个问题，如果答不上来，死啦死啦的！"

"你说吧！"马克临危不惧，信心十足。

"我的儿子在日本上小学六年级。"小胡子开始出题，"他们班的学生，有 $\frac{1}{3}$ 小于 12 岁，有 $\frac{1}{2}$ 小于 13 岁，有 6 名学生小于 11 岁。11 岁到 12 岁之间的学生数与 12 岁到 13 岁之间的学生数相等。我问你，这个班有多少学生？"

乡亲们听到题目这么复杂，都替马克捏把汗。

马克却不着急，他分析说："由于有 $\frac{1}{2}$ 的学生小于 13 岁，$\frac{1}{3}$ 的学生小于 12 岁，因此 12 岁到 13 岁之间的学生占学生总数的 $\frac{1}{2} - \frac{1}{3} = \frac{1}{6}$。"小胡子点点头。

马克又说："由于 11 岁到 12 岁之间的学生数与 12 岁到 13 岁之间的学生数相等，所以 11 岁到 12 岁之间的学生数也

占 $\frac{1}{6}$。这样，11 岁以下的 6 名学生占全班人数的 $\frac{1}{2} - \frac{1}{6} - \frac{1}{6} = \frac{1}{6}$，所以全班有 $6 \div \frac{1}{6} = 36$（人）。"马克一口气算出答案。

"好！"乡亲们齐声叫好。

小胡子走近一步，问："我在日本有一辆汽车，车牌号是一个五位数。有一次我把车牌装倒了，车牌号成了另外一个五位数，比原来的数大了 78633。你告诉我，我的车牌号是多少？"

"这也难不倒我！"马克说，"阿拉伯数字中，倒着看也是数的只有 0、1、6、8、9。设车牌号为 $ABCDE$，车牌倒着看为 $PQRST$。"马克列出一个算式：

$$
\begin{array}{r}
A\,B\,C\,D\,E \\
+\ 7\,8\,6\,3\,3 \\
\hline
P\,Q\,R\,S\,T
\end{array}
$$

马克说："根据 P 和 E、Q 和 D、R 和 C、S 和 B、T 和 A 是一正一倒的关系，可以推出 $ABCDE$ 为 10968，对不对？"

小胡子点点头说："对，对，你的大大的聪明！留下来给我当勤务兵。"

马克听小胡子说要他当勤务兵，立刻急了。他对小胡子喊道："让我当鬼子兵？没门儿！"

小胡子气得脸发青，唰的一下抽出了指挥刀，他把刀架在了于爷爷的脖子上，恶狠狠地说："你如果不答应，这个老头就死啦死啦的！"

"你……"马克愣住了。

于爷爷把脖子一挺，大声说："誓死不当亡国奴！孩子，爷爷死了不要紧，你可不能答应啊！"

这时，一个系着围裙的老头从日本鬼子的队伍中跑了出来。老头拉着马克，小声说："我也是中国人，是被日本人拉来当伙夫的。为了救这位爷爷的命，你先答应下来再说。"

马克想了想，说："我不穿你们的鬼子服！"

"可以。"小胡子往前一指，说，"你的第一个任务是站岗放哨。那里已经有三名士兵，他们站成了等边三角形，你要找一个适当的位置站岗，当你选定位置后，你们四个人无论从哪一个人的角度看，同其他三人的距离都相等。"

"我该站在哪儿呢？"马克思索起来。

老伙夫拿着一个馒头跑过来，说："小家伙，你先吃个馒头，站一班岗要四个小时呢！"说完指了指馒头。

马克对小胡子说："我先去趟厕所，回来就上岗。"他跑到一个僻静处，掰开馒头，发现里面有张纸条，上面写着：

　　你要想办法站到高处，朝正东方向用右臂画三个圈儿。八路军就埋伏在东边。

马克一边吃着馒头，一边往房上爬。

小胡子问："你上房干什么？"

马克说："我和那三个鬼子兵必须都站在正四面体的 4 个顶点上（如图，A、B、C、D 为正四面体的 4 个顶点），现在他们把地面上的 3 个顶点占上了，我只好爬高了！"

马克上了房顶，面向东方用右臂画了三个圈儿。

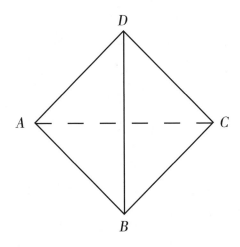

鬼子被围

突然，村东"叭、叭、叭"升起三颗信号弹，霎时间，马家村的四周响起一片喊杀声，八路军把村子包围了。

小胡子着急了，他立即召集士兵说："我们被八路军包围了，想活命就要突围出去。现在需要组成一支42人的突围敢死队。"

小胡子用眼睛扫了一下面前的日本兵，说："这42人当中要有射击5发5中的一级射手16人，其余的是5发4中的二级射手和5发3中的三级射手。我要把敢死队分成7支小分队，每支小分队有6名士兵，而且每支小分队的士兵射中靶子的总次数各不相同，但是三种级别的射手至少各有1名。"

说到这儿，鬼子军官小胡子忽然停住了。他原地转了一圈儿，又敲了敲自己的脑袋，说："可是……这样一来，在敢死队中，二级射手和三级射手应该各有多少人呢？我把自己都搞晕了。"他回头看见马克，对马克说："还是你来算吧！"

"死到临头还找我！"马克白了小胡子一眼，说，"由于每支小分队中每个级别的射手至少有1名，我们先来计算一支小分队最多射中多少次靶子。想射中的靶子数最多，小分队中一级射手的人数要尽量多，但是小分队中三种级别的射手至少各有 1 名，所以一支小分队中一级射手的人数最多是 6-2=4（名），因此每支小分队射中靶子的总数不超过 3+4+5×（6-2）=27，也不能少于 5+4+3×（6-2）=21。从 21 到 27 正好是 7 个数，由于 7 支小分队射中靶子的总数都不一样，因此，只可能是 21、22、23、24、25、26、27 次。"

"分析得很好！"小胡子一个劲儿地点头。

马克又说："你的敢死队射中靶子的总次数应该是 21+22+23+24+25+26+27=168（次），其中二级射手和三级射手共射中 168-5×16=88（次），而他们的人数是 42-16=26（人）。如果把这 26 人都看成三级射手，他们共射中靶子 3×26=78（次），而实际射中 88 次，多出 10 次，10÷（4-3）=10，说明有 10 名二级射手。"

"我明白了。三级射手有 16 名。"小胡子抽出指挥刀命令，"敢死队集合！向正东方向突围！"

撞上和尚

日本军官小胡子让敢死队往东突围，自己却带着其余的人马往西跑。他还特别叮嘱马克不要掉队，实际上他是怕马克跑了。

老伙夫从后面赶了上来，他对马克说："孩子，打起仗来吃饭就没准时候，你拿着这个馒头，饿了就啃几口。" 说完指了指馒头。

马克趁别人不注意，把馒头掰开，从里面拿出一张小纸条，上面写着：

下面一行数是有规律的，其中？代表联系密码。

4，16，36，64，？，144，196。

马克边走边琢磨：这个"？"应该是几？突然，前面响起了机关枪的声音，走在前面的几个鬼子兵中弹倒地。小胡子命令部队向外突围，日本鬼子端起上了刺刀的步枪向前冲去。

八路军从高粱地里冲了出来，双方展开了白刃战。马克一看时机已到，一弯腰就向高粱地里钻去，没跑多远，"咚"的一声和一个人撞了个满怀。马克定睛一看，原来是之前在打麦场见到过的和尚。此时和尚已经脱去了袈裟，手中握着一把大号手枪。

和尚用手枪顶住马克说："刚才我进村时，见你和鬼子军官在一起，你是个小汉奸！"

"谁是小汉奸？我是为了救于爷爷才那样做的。"马克十分委屈。

和尚说："我不管你是救于爷爷，还是救杨爷爷，给日本鬼子干活儿的就是汉奸！"

"是炊事员爷爷叫我这样做的！"马克这句话起了作用。

和尚问："密码？"马克答："100！"和尚一伸手，说："纸条！"马克把馒头里的纸条递给和尚。和尚看了看纸条，问："为什么是 100？"

马克解释说："这一行数是有规律的。我找到了其中的规律：$4=4\times1\times1$，$16=4\times2\times2$，$36=4\times3\times3$，$64=4\times4\times4$，$144=4\times6\times6$，$196=4\times7\times7$。所以，问号代表的数应该是 $4\times5\times5=100$。"

和尚一摆手说："密码对了，跟我走！"

和尚带着马克爬上一座小山冈，见到八路军的王司令员。王司令员见到马克很热情，紧握他的双手说："你站在房子上给我们发信号，谢谢你啦！"

马克有点儿不好意思，他向王司令员行了个军礼，说："我要参加八路军！"

"欢迎，欢迎，他准能成为一个好兵！"那个给鬼子做饭的老伙夫，穿着一身八路军军服，从后面跑了上来。

老伙夫说："王司令员，这个小马克数学特别好，留下他会很有用的！"

王司令员笑着说："凡是愿意抗日的，我们都要。"

马克拉住老伙夫高兴地说："爷爷，原来您是八路军！"老伙夫笑着点点头。

一个八路军战士跑了过来，向王司令员敬了个礼："报告司令员，我们消灭日军 42 人，俘虏 11 人，其余的日军在小胡子的带领下正向西逃窜！"

"好！"王司令员用力一挥右拳，说，"打得好，叫小鬼子尝尝中国人的厉害！"

战士交给王司令员一件日本军服上衣，这件上衣的里面画着一张奇怪的图。

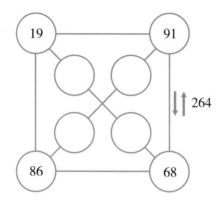

"这是什么意思？"大家围过来琢磨这张图。

王司令员说："这次鬼子来了四支部队，有两支番号是公开的，一支是 1986 部队，另一支是 9168 部队。还有两支秘密部队番号不明。"

老伙夫插话说："这张图中间四个圆圈应该填的数会不会是这两支秘密部队的番号？"

"我明白了。"马克说，"小鬼子总爱搞正着看和倒着看的把戏！在中间四个圆圈里都填上数后，要使得每条对角线上的四个数，不管正着看，还是倒着看，和都相等。正整数中正着看和倒着看都是数的只有 0、1、6、8、9。在这里，除了 0 没用上，其余四个数都出现了。我试着用这四个数再组成四个新数填上。"说话间，马克填好了数。

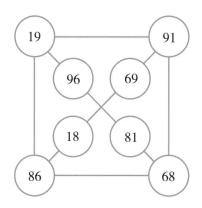

王司令员高兴地说："正着看：19+96+81+68=264，91+69+18+86=264；倒着看：89+18+96+61=264，98+81+69+16=264。和都等于 264，太棒啦！"

特殊使命

王司令员说："现已查明日本鬼子另外两支秘密部队的番号，一支是9618部队，另一支是6981部队。但是，这两支部队藏在哪儿，它们的任务是什么，至今仍旧是个谜！"

马克着急地问："那怎么办？"

王司令员想了想，说："日本军官小胡子曾把你留在身边，他想利用你的聪明才智。我看你可以这样……"王司令员伏在马克耳朵边小声说了几句，马克边听边点头。

几经周折，马克终于找到了小胡子。小胡子满脸狐疑地问："刚才突围时，你跑到哪里去了？"

马克说："你骑着高头大马，跑得那么快，我哪里追得上你呢？"

经过一番盘问，小胡子没发现什么疑点，就留下马克继续给他当勤务兵。

一天，日军司令部来了一封十万火急的密信。小胡子看后，一脸为难相。他犹豫了一会儿，笑嘻嘻地对马克说："我有一道智力题，要考考你！"

马克问："什么题？"

小胡子说："有一个没有重复数字的四位数，左边两位数字之和等于右边两位数字之和；中间两位数字之和等于旁边两位数字之和的3倍；右边三位数字之和是最左边一个数的9倍。你能算出这个四位数是多少吗？"

"这道题可真难，我怕是做不出来。"马克显得十分为难。

小胡子两眼一瞪，胡子一撅，说："这个四位数关系重大，你算得出来要算，算不出来也要算！"

马克说："你别发火，我来想想：根据右边三位数字之和是最左边一个数的9倍，右边三位数字最大的可能是999，而9+9+9=27。而9倍不大于27的只能是1、2、3中的一个数；再根据其他条件，可以推出最左边的这个数肯定是2。这样，四个数字之和是2+2×9=20，又由于中间两位数字之和等于旁边两位数字之和的3倍，所以，旁边两个数的和是20÷（3+1）=5，最右边的这个数是5-2=3。好啦！这个四位数是2873。"

"啊，是2873！我一定要找到2873！"小胡子显得很激动。

大金戒指

马克算出的四位数是2873，小胡子听到这个四位数之后显得十分激动。马克想：难道这个四位数中藏有什么秘密？

从这天起，小胡子每天带着马克在街上乱转。他让马克注意门牌号、汽车车牌号，看看有没有2873这个四位数。两个人转了好几天也没发现这个四位数，小胡子已经没信心了。

一天，小胡子和马克走进一家百货公司，在卖金银首饰的柜台前，马克偶然发现一个大金戒指售价2873元。马克一拉小胡子衣角，说："看那个金戒指！"小胡子一看，立刻心花怒放，他对售货员说："我要买这个金戒指。"

售货员上下打量了一下小胡子，很客气地说："请等一等。"售货员转身到了里屋。不大工夫，一个又矮又胖的中年人从里面走了出来。

中年人问："你找这个金戒指好久了吧？"

小胡子答："有几天啦！"

中年人笑了笑，说："这个金戒指今天不能卖给你，明天来买吧！"

小胡子急着问："明天几点钟来买？"

中年人从口袋里掏出五张纸牌，上面分别写着0、1、4、7、9五个数。他指着纸牌说："你每次从中取出四张纸牌，排成一个四位数，把其中能被3整除的数挑出来，按从小到大的顺序排列，第三个数就是取货的时间。注意，早一分、晚一分都不行！"说完转身回到里屋。

小胡子拿着纸牌摆弄了半天也摆不出来，只好让马克来摆。

"不用摆！"马克说，"如果一个数的各位数字之和是3的倍数，则这个数一定能被3整除。我们做加法：0+1+4+7=12，12可以被3整除；而1+4+7+9=21，21也可以被3整除。其他的0+1+4+9=14，0+1+7+9=17，0+4+7+9=20，都不能被3整除了。所以取0、1、4、7或1、4、7、9四个数组成四位数，从小到大的排列是：1047，1074，1407，1470，1479……好了，第三个数是1407。"

小胡子高兴地两眼一瞪，说："1407，这就是说，明天下午2点零7分来取货！"

秘密通道

第二天，小胡子带着马克于下午 2 点零 7 分准时来到卖金戒指的柜台。售货员二话没说，把一个首饰盒交给了小胡子。

小胡子打开首饰盒，发现里面除了那只大金戒指外，还有一张纸条，纸条上写满了日本文字。

9618部队司令官

小胡子看完纸条非常兴奋，自言自语："当 9618 部队司令官！哈，我一步登天啦！"

"什么？9618 部队？"马克听了也为之一震。马克心里暗想：我必须把这个重要情报告诉王司令员。

小胡子戴上大金戒指，与马克直奔城北而去。半路上，马克去了一次厕所，趁机把情报告诉了八路军的秘密联络站。

小胡子带着马克进了一家饭店，两人坐定。小胡子兴奋地说："今天我请客，一来是庆祝我升官发财，二来是我们俩就要分手啦！"

马克问："为什么？"

小胡子小声说："我只能一个人去9618部队，不能带别人！"

马克假装舍不得离开小胡子。小胡子几杯酒下肚，有点儿醉了，他趴在马克的耳边小声说："进9618部队有一个秘密通道，门上有一个圆盘。"说着画了一幅图。

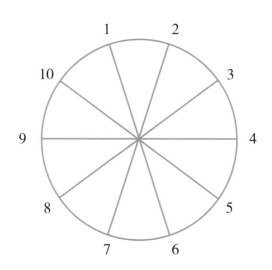

小胡子接着说："你只要调整一下圆盘上各数的位置，使

得任何两个相邻数的和都等于直线另一端两数的和，秘密通道的门就会自动打开。这个秘密不许告诉任何人，否则，死啦死啦的！"

小胡子目露凶光,用手比画砍脑袋的动作,随即把图也毁了。

马克与小胡子一分手，就赶紧去找王司令员，把圆盘的事告诉了王司令员。王司令员让马克把圆盘上的数字调整好，并验算无误。

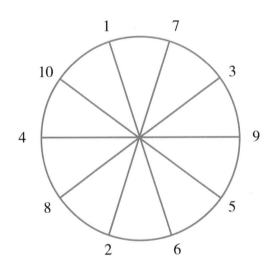

王司令员十分严肃地问："马克，你敢不敢去闯这个鬼门关？"

马克坚定地回答："敢！"

三种传染病

受王司令重托，马克勇闯鬼子的9618部队。当他侦察完刚想离开的时候，两个日本兵跑来把他抓住了，带到了小胡子跟前。

"放开，这是我的客人！"小胡子命令日本兵放开马克，然后对马克招招手说，"跟我走！"马克跟着小胡子走进了一间戒备森严的办公室。

小胡子说："我所管辖的9618部队是一支特殊部队，它专门研究治疗各种疑难病症。刚才你看到的是医生们在治疗霍乱。"

"哼！"马克心里说，"你不用骗我，你是在拿中国人当试验品，做细菌试验。"

小胡子挠了一下头皮，说："我遇到一个难题，我们刚才用于治疗霍乱、鼠疫、肺炎三种疾病的药各有21份。病人的情况很复杂：有人只得这三种病中的一种，有人得这三种病中的两种，还有人三种病全得了。"

小胡子又说："病人的情况共7种，这7种情况的病人人数也各不相同。我已经知道三种病都得的人最少，只有 3 个人，而只得霍乱的人数是最多的。我想知道，被治疗的病人中只得霍乱的有多少人？你帮我算算。"

马克皱着眉头想了想，说："为了计算方便，把霍乱、鼠疫、肺炎三种疾病中只得一种的人数分别记为 A，B，C。同时得两种疾病的人数，用两个字母来记，比如同时得霍乱和鼠疫的人数是 AB，那么 ABC 就是三种疾病都得的人数，已经知道 ABC 是 3。你说的 7 种情况就是 A，B，C，AB，AC，BC，ABC。"

小胡子点点头说："好，这样记简单明了！"

马克说："在这 7 种情况里，A，B，C 各出现 4 次，我们把治疗相应疾病的药也分成 4 份。由于每一种药都是 21 份，所以要把 21 分成 4 份。由于这 7 种情况人数各不相同，只能分成以下三种情况：（1）3，4，5，9；（2）3，4，6，8；（3）3，5，6，7。因为最少是 3 人，所以 3 种情况中最小的数是 3。我来给你画个图。"

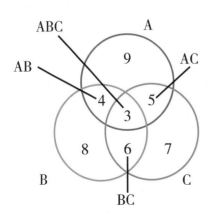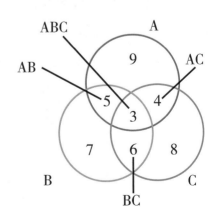

"这是什么意思？"小胡子看不懂。

马克解释说："根据你说的条件，会出现两种可能，第一种可能是：只得霍乱的（A）9人，只得鼠疫的（B）8人，只得肺炎的（C）7人，同时得霍乱和鼠疫的（AB）4人，同时得鼠疫和肺炎的（BC）6人，同时得霍乱和肺炎的（AC）5人，三种病都得的（ABC）3人。第二种情况和这个类似。但是不管哪种可能，只得霍乱的（A）人数肯定是9人。"

小胡子一瞪眼说："才9人？太少啦！"

抓球游戏

马克终于弄清楚 9618 部队是搞细菌战的。怎样才能把这个重要情报送出去呢？他琢磨出一个好主意。

马克用泥捏了好多小圆球，然后把这些泥球晒干，用颜料染成黑白两种颜色。

每天上午 8 时，都有一辆送菜的车通过 9618 部队的大门。这天上午 7 时 45 分，马克拿着三个口袋来到大门口，此时大门已开。

马克对卫兵们说："今天咱们来玩个游戏。"卫兵们知道马克认识司令官小胡子，谁也不敢惹他，都点头说好。

马克拿出三个口袋，说："这第一个口袋里装有 99 个白球和 100 个黑球，第二个口袋里装的都是黑球，第三个口袋是空口袋。"

马克伸手从口袋里摸球，边摸边讲："我每次从第一个口袋里摸出两个球，如果两个球颜色相同，就把它们放入第三个口袋里，同时从第二个口袋里取出一个黑球放入第一个口袋里；如果取出的两个球的颜色不同，就把白球放回第一个口袋里，把黑球放入第三个口袋里。"说着，马克给日本兵表演了一番。

"我的问题是，"马克叫日本兵注意，"我一共从第一个口袋里取了 197 次球，问：第一个口袋里还有多少个球？它们是什么颜色？"

"这……"两个日本兵张口结舌。愣了一会儿，一个日本兵随口说："只剩一个白球。"

"哈，不对！"马克笑着摇了摇头。这时，送菜的车来了，卫兵们忙把大门打开。

马克趁卫兵们不注意，从衣袋里摸出一个黑球，说："多了一个黑球，把它扔了吧！"说完扔到门外，一个小孩拾起黑球，一溜烟地跑了。

马克解释说："我每取一次，第一个口袋里的球实际上只减少一个。第一个口袋里原有 199 个球，我取了 197 次，还剩下 2 个球，又由于只有同时拿到两个白球时，才放入第三个口袋，而拿到一黑一白时，要把白球还回第一个口袋，因此白球成对减少。而原来第一个口袋里有 99 个白球，是奇数个白球，所以，剩下的球中一定有一个是白球，另一个是黑球。"

生日酒会

拾走黑球的小孩是八路军的小侦察员，他每天蹲在门口准备和马克接头。他拿着小黑球跑去见王司令员。

王司令员掰开黑球，里面有张纸条。王司令员读完后点点头说："早听说日本鬼子在搞细菌试验，就是一直没找到他们的老窝在哪儿。好，这下子找到了。"他立即做了作战部署。

王司令员通过给9618部队送菜的人，把消灭这支细菌部队的方案传给了马克。

7月8日是小胡子的生日，9618部队改善伙食，为小胡子举行生日酒会，小胡子非常高兴。马克建议做智力游戏，输了的要罚喝酒。小胡子一拍马克的肩头，说："我一定把你灌倒！"

马克说："把100分成这样4个数，第一个数加上4，第二个数减去4，第三个数乘以4，第四个数除以4，结果都相等。这4个数各是多少？"

小胡子笑笑说："这个问题很容易，100除以4得25，这4个数都是25。"

"你连题目都没听懂！"马克说，"这4个数应该是

12、20、4、64。喝酒！"马克倒了一大杯酒，递给小胡子。小胡子一仰脖，"咕咚、咕咚"喝了下去。

马克又问："今天是 7 月 8 日，星期三，请问，再过 106 天是星期几？"

小胡子昏头昏脑地伸出一根手指，说："是星期一。"

"不对，是星期四。每星期 7 天，106÷7=15……1，就是说，从星期三再往后数一天，是星期四。"马克又让小胡子喝下一大杯酒。几个问题过后，小胡子喝得两颗眼珠已经不能一起动了。

这时，一个日本兵从外面跑来，报告说："今天送菜的车特别大，说是给您祝寿的，让不让进？"

"当然……让进。"小胡子摇晃着脑袋说，"给……给我祝寿，怎……么不让进？"

送菜的车开进院里，呼啦一声，几名持枪的八路军从车上跳下来。

审讯小胡子

几名八路军战士从送菜的车上跳下来后，用枪逼住守门的日本兵，埋伏在门外的八路军冲了进来，一场血战开始了。

经过大约半个小时的战斗，日本兵死的死，被俘的被俘，直到这时小胡子才清醒过来。

王司令员开始审讯小胡子。王司令员问："现在已经弄清楚你们9618部队是一支专搞细菌战的部队。我问你，6981部队在哪儿？这支部队是干什么的？"

小胡子"嘿嘿"一阵冷笑，说："我就是告诉你，怕你也找不着！"王司令员严厉地说："你是我们的俘虏，问你什么，你要从实招来！"

小胡子斜眼看了一眼王司令员，说："6981部队在正东方向 m 米处。m 是多少呢？你把100粒石子放在一条直线上，相邻两粒石子间的距离为1米。你从第一粒石子出发，逐个取石子放在第一粒石子处。请注意：'逐个取'的意思是取了一粒放回去之后，再去取第二粒。把所有石子全部放到第一粒石子处，你所走的路程就是 m 米。"

"死到临头，还在耍刁！"马克说，"我来算！"

马克说："相邻两粒石子间的距离为1米，从第一粒石子出发，取到第二粒石子并放到第一粒石子处时，需要走2米；取到第三粒石子并放到第一粒石子处时，需要走4米。这样一直取下去，取到最后一粒石子并放到第一粒石子处时，需要走 $99 \times 2 = 198$（米）。所以取石子一共走的路程是——"马克列了一个算式： $2+4+6+ \cdots +196+198=9900$（米）。

马克向王司令员报告说："m 等于9900。"

王司令员点点头说："离这儿不足10千米。为了防止小胡子的口供有诈，马克，你和老伙夫押着小胡子在前面探路，我带领大部队随后就到。"

"是！"马克接受命令，他和老伙夫一左一右押着小胡子朝正东方向走去。

马克和老伙夫押着小胡子朝正东走了 9900 米，来到一座破旧的工厂。工厂里有许多破旧机器，连个人影也没有。

老伙夫用手枪捅了一下小胡子，问："你是不是在欺骗我们？"

小胡子"嘿嘿"冷笑了两声，说："军人从不说假话！"

马克问："6981 部队在哪儿？"

小胡子带着他们俩走到一台大机器前，指着机器上的一个数字转盘说："用转盘上 0 ~ 9 这十个数字可以组成许多个各位数字都不相同的十位数，比如 2307814659， 这里面又有许多能被 11 整除的数。"

老伙夫有点儿不耐烦，催促说："你想干什么就快说，不用绕弯子！"

小胡子白了老伙夫一眼，继续说："你们拨动指针，让它指出一个十位数，这个十位数是能被 11 整除的数中最大的一个，你们就能找到 6981 部队了。"

"真的？"老伙夫不信。

"我来试试看。"马克说，"先要把这个十位数算出来。如果一个自然数能被 11 整除，那么，它的奇数位数字之和与偶数位数字之和的差，一定能被 11 整除。"

老伙夫点点头说："说得对！"

马克又说："设 a 是奇数位数字之和，b 是偶数位数字之和，那么 $a+b$=0+1+2+3+ ⋯ +9=45，而且 $a-b$ 能被 11 整除。由于要最大的数，所以，最高位一定要取 9，这样 b 大于 a，也就是 $b-a$ 大于 0。因此，$b-a$ 的差是 11 的倍数。由于 $a+b$=45，可以确定只能取 $b-a$=11。由此算出 b=28，a=17，进一步凑出这个最大的十位数是 9876524130。"

马克按照这个十位数拨动指针，只听哗啦一声，机器下面出现一个地下通道口。

王司令员指挥部队冲进地下通道，来到一个大化工厂，消灭了那里的鬼子兵。原来 6981 部队是一个专门制作化学武器的兵工厂。

王司令员拍着马克的肩膀说："你真是一个好兵！"

长度单位的由来

1959年，我国正式确定米制为长度基本计量制度。历史上，人类为了找到一个适用的长度单位，费了不少周折。

人们很早就想寻找一种可靠的、不变的尺度，作为量度距离的统一标准。最初是以人体作为标准。人们从3000多年前古埃及的纸草书中，发现了人前臂的图形。用人的前臂作为长度单位，叫"腕尺"。著名的胡夫金字塔，塔高约150米，就是以古埃及法老胡夫的前臂作为腕尺建造的，塔高为280腕尺。

考古学家发现一块公元前6世纪的古希腊大理石饰板，图案是一个人向两侧伸展手臂，两手中指尖的距离定为1"㖉"。

"哩"的原词是"thousand"，意思是1000步的距离。古罗马恺撒大帝时代规定，把罗马士兵行军时的1000双步定为1"哩"。

"呎"的原词是"足"的意思。公元8世纪末，罗马帝国的查理曼大帝把他的一只脚长定为1"呎"。"呎"作为长度单位传入英国后，英国人对"呎"又重新作了规定，从麦穗中取出 36 粒较大的麦粒，将它们头尾相接直线排列的长度定为 1 "呎"。"呎"传到德国后，德国人把走出教堂的 16 名男子，各出左脚，前后相接，取总长度的 $\frac{1}{16}$ 作为 1 "呎"。

公元 9 世纪撒克逊王朝亨利一世规定，他的手臂向前平伸，从鼻尖到指尖之间的距离定为 1 "码"。

公元 10 世纪，英国国王埃德加把他的拇指关节之间的长度定为 1 "吋"。

相传我国古代大禹治水时，曾用自己的身体长度作为长度标准，进行治水工程的测量。唐太宗李世民规定，以他的双步，也就是左右脚各走一步的距离作为长度单位，叫作"步"，并规定一步为五尺，三百步为一里。后来又规定把人手中指的当中一节定为 1 "寸"。

数学连环画

杜鲁克飞了

爱数王国智斗鬼算王国

国王的考验

鬼算王国要对爱数王国发动战争，可是爱数国王重病在身，不能起床，国王就把抗击外敌入侵的重任交给了爱数王子，并让七八首相和五八司令辅佐王子。爱数国王听说爱数王子带回一名四年级的小学生杜鲁克，他只有 10 岁，但聪明过人，特别是数学，出奇地好，外号"数学小子"。

在爱数王子归国途中，杜鲁克给王子出了不少好主意，帮了大忙。爱数国王认为杜鲁克是个难得的人才，他爱才如命，一定要亲自接见杜鲁克。

爱数王子带着杜鲁克进了王宫。爱数国王六七十岁的样子，身体消瘦，面色蜡黄。杜鲁克见到国王，行了个少先队员的举手礼，大声说道："敬礼！爱数国王好！"

爱数国王哪见过这种礼节？他也把手举了起来："敬礼！

数学小子好！"

国王想试试杜鲁克的数学到底怎么样，就对他说："娃娃，你年方10岁，数学就这么好，真是令人佩服！不过，我是爱数国王，也非常喜欢数学，我想问你一个数学问题，怎么样？"

"俗话说，初生牛犊不怕虎，尽管我的数学水平还十分有限，但是我愿意接受您的考验。"

"好！"爱数国王就喜欢杜鲁克这股劲儿，"我心里想着一个自然数，这个自然数小于64而大于1，你说说，我心里想的是哪个自然数？"

听罢题目，周围的人议论纷纷。爱数王子替杜鲁克抱不平："这怎么猜？范围太大了！"

七八首相苦笑着说："我看只有神仙才能猜着。"

五八司令更干脆："如果我遇到这样的问题，只能投降！"

杜鲁克笑着对国王说："王子说得对，范围太大了！从2到63一共有62个数，如果您让我一次就说出答案，我就成算命先生了。"

国王问："你要猜几次？"

杜鲁克想了想："猜六次，最多七次，我一定能告诉您这个数是几！"

爱数国王点点头："好！君无戏言，如果到第七次你还猜不出来，我可要重重地惩罚你！"

"一定！"

"最多七次就能猜出来？这不可能！"大家都为杜鲁克担心。

第一次，杜鲁克问国王："这个数不小于32，对吗？"

"不对！"

"一次啦！"五八司令在一旁记着数。

"这个数不小于16，对吗？"国王摇摇头。

"两次啦！"五八司令又加上一次。

"这个数不小于8，对吗？"

这次爱数国王没有否定，而是点了点头。

"三次，有苗头了！"五八司令又兴奋又紧张地说。

杜鲁克停住了，爱数王子紧张地问："怎么不问了？出事了？"周围的人也跟着紧张起来。

杜鲁克看大家如此紧张，扑哧一声笑了："你们紧张什么？我歇口气。该第四次了吧？这个数不小于12，对吗？"

国王又开始摇头。

"这个数不小于10，对吗？"

国王第二次点头。

五八司令着急地说："数学小子，你已经问了五次，只剩下最后一次了！"

"知道！"杜鲁克十分冷静，继续问，"这个数不小于11，对吗？"

国王摇摇头，然后坐了起来："六次已问完，看来你还需要问第七次啊！"

"不用！您心中想的自然数是 10！" 杜鲁克回答得十分肯定。

"对吗？" 大家好奇而又紧张的目光全集中在国王的脸上。

国王面无表情。

周围死一样沉寂。

只有杜鲁克在抿着嘴笑。

突然，国王高举双手："数学小子答对了！"

在场的人都松了一口气，向杜鲁克投去赞赏的目光。七八首相问杜鲁克："数学小子，你是怎么猜出来的？"

五八司令在一旁嘟嘟囔囔："如果说不出道理，很可能是蒙的！"

"蒙的？" 杜鲁克认真地说，"你们谁来蒙一次？"

爱数王子赶紧出来打圆场："这绝不可能是蒙的。杜鲁克，你快说说其中的道理吧！"

杜鲁克解释说："我用的是老师教给我的'二分逼近法'，为了说清楚，我画一幅图。" 说完在地上画了一条横线：

杜鲁克指着图说："这图上画的是从 1 到 64。我第一次问国王'这个数不小于 32，对吗'，这个 32 紧靠线段的中点，

国王说不对。国王的否定，就排除了这个要找的数在32到64这半段的可能，我只考虑1到32这半段就行了。"

"对呀！"还是爱数王子反应快，"父王的否定，使寻找范围立刻缩小一半。这就是'二分逼近法'！杜鲁克又接着问'这个数不小于16，对吗'，父王又一次否定，这样16到32这段可以不要了，又少了一半，要找的数只能在1到16之间了。"

"明白了，明白了！"在场的人纷纷点头，"这'二分逼近法'果然奇妙无比！"

爱数国王忽然问了一个问题："你问我六次，是怎样算出来的？"

"'二分逼近法'就是每次要除以2，而$64=2×2×2×2×2×2$，64是六个2连乘，所以我要问六次。"杜鲁克的回答，让爱数国王连连点头。

通过考查，国王对杜鲁克十分满意，当场决定："数学小子是难得的人才，我们和鬼算王国开战在即，我任命数学小子为我军参谋长，协助王子共同抗敌！"

"什么？让我当参谋长？我没当过那么大的官，和小朋友玩打仗游戏时，我也只当过班长！"杜鲁克的话，逗得全场的人哈哈大笑。

五八司令跑过来说："我们这里级别较高的官，前面都带有数字，比如首相今年56岁，由于$7×8=56$，所以叫七八首相。

我今年刚好40岁，5×8=40，所以我叫五八司令。你是参谋长，今年10岁，2×5=10，你就叫'二五参谋长'，怎么样？"

"不行，不行！"杜鲁克连摆手带摇头，"二、五这两个数，绝不能连用！"

"连用怎么啦？"

"在我们那儿，把'一瓶子不满，半瓶子晃荡'，什么事都办不成的人叫'稀松二五眼'，把傻子叫'二百五'！我能叫'二五参谋长'吗？"杜鲁克急得脸都涨红了。

国王当场决定："数学小子就叫'参谋长'，咱们破个例，前面不加数字了！"

"是！"五八司令接受命令。

战前会议

由于时间紧迫，爱数王子立刻召开战前会议。王子说："鬼算国王早就预谋吞并我国了，前几天他骗我去打猎，就想置我于死地。多亏遇到了杜鲁克，我们才死里逃生，返回爱数王国。"

杜鲁克接着说："和鬼算国王打了几次交道，我发现这个人诡计多端，十分狡猾。我们和这种人作战，必须多动脑筋，要智取，不能蛮干！"

"对！说得太好了！"七八首相说，"我和鬼算国王打过多年交道，他做事总是真真假假，虚虚实实，让你摸不清他心里想什么。他说的话如果有十分内容，你最多只能听三分！"

五八司令也不甘示弱地补充："鬼算国王打仗时，喜欢摆出各种阵法，变幻莫测，让你的部队攻进去就出不来！"

"大敌当前，我们不能打无准备之战。我命令——"爱数王子此言一出，在场的文武官员唰的一下全部起立，听候命令。只有杜鲁克呆呆地坐在那里，没动窝儿。

五八司令小声提醒杜鲁克："参谋长，最高统帅爱数王子要发布命令，你应该站起来！"

　　"是吗？"杜鲁克腾的一下蹦了起来。

　　爱数王子宣布："由于时间紧迫，我命令，我军各支部队，在五八司令的带领下，马上开始操练，要练队列，练射击，练格斗，总之，战斗中用到的各种技巧，都要练！我们只有平时多流汗，战时才能少流血！"

　　全体官员齐声高喊："王子英明！王子伟大！"

　　文武官员各自准备去了。

　　杜鲁克问王子："我现在干什么？"

　　"咱俩先去攻坚营看看。"爱数王子边走边向杜鲁克介绍，"攻坚营由五个连组成，包括大刀连、长枪连、铜锤连、短棍连和弓箭连。这些士兵都是经过严格挑选的，个个武艺高强，是我军的精锐部队。"

来到练武场，他们看到攻坚营的士兵个个奋勇当先，苦练杀敌的本领。这时，一名身材十分魁梧的军官跑过来向王子敬礼，问："王子有何指示？"

王子还礼："铁塔营长，这五个连队的训练，你是怎样安排的呀？"

"铁塔营长？"杜鲁克对这个名字很好奇，仔细观察这位营长。只见他长得膀大腰圆，身高足有两米，手像两把大蒲扇，胳膊上青筋暴起。可能是长期在阳光下操练的缘故，这位营长的面孔黑里透亮，整个人活像一座黑铁塔。看罢，杜鲁克不由得点点头：好一员猛将！

铁塔营长汇报说："报告王子，我安排大刀连 1 小时训练一次，长枪连 2 小时训练一次，铜锤连 3 小时训练一次，短棍连 4 小时训练一次，弓箭连 5 小时训练一次。报告完毕。"

王子低头想了想，问铁塔营长："我很忙，要是想在某一个时刻同时看他们训练，我应该什么时候来呀？"

"这个……"铁塔营长摸着脑袋，傻傻地站在那里。

王子知道像这样的问题，铁塔营长是回答不出来的，干脆问问杜鲁克吧！王子一回头："参谋长，你说我应该什么时候来呢？"

杜鲁克并没有立刻回答，他也得算一算哪！只见杜鲁克的脑袋左晃了 5 下，右晃了 5 下，眼珠转了 10 圈儿，然后笑嘻嘻地说："鬼算国王说3天后就要发起进攻，咱们一天按24小时计算，3天就是72小时。"

王子有点着急："我没让你算鬼算国王什么时候发动进攻，我是让你计算我什么时候来能同时看到他们训练！"

"你别着急啊！"杜鲁克不慌不忙地说，"五个连训练的间隔时间分别是1小时、2小时、3小时、4小时、5小时。要求他们共同训练的时间，就要求这五个数的最小公倍数。我算了一下，它们的最小公倍数是3×4×5=60。"

王子拍着脑门儿："这么说，五个连日夜不停地训练，我也需要60个小时之后来才能一起看到。可是，我不能让他们不休息啊。就算让他们每天训练10个小时，也需要6天哪！鬼算王国3天就打过来了。看来，我是看不到五个连同时训练了。"

铁塔营长说："现在大刀连正在训练，王子不妨先去大刀连看看？"

"好！"爱数王子、杜鲁克随铁塔营长去看大刀连的训练。他们老远就听到从大刀连的训练场传出的阵阵喊杀声："杀——""杀——"

连长对战士们说："使用大刀要记住三句口诀，那就是：削脑瓜儿，砍中段，剁脚丫儿！大家注意啦，听我的口令！"

连长喊："削脑瓜儿！"

战士们把刀放平，呼的向高处横扫过去。这是在削假想敌人的脑袋。

连长又喊道："砍中段！"

战士们把刀转了180°，砍在中间部位，呼的又反向扫了一刀。这是在砍假想敌人的腰。

连长接着喊："剁脚丫儿！"

战士们哈下腰，用刀扫下部。这是在剁假想敌人的双脚。

连长加快了速度："削脑瓜儿，砍中段，剁脚丫儿！削脑瓜儿，砍中段，剁脚丫儿……"

战士们一会儿削上边，一会儿砍中间，一会儿剁下边，只见几十把鬼头大刀整齐划一，上下飞舞，刀光闪闪，煞是好看。

"好！"杜鲁克看到精彩处，又叫好又拍手。

爱数王子也满意地点点头："嗯，不错！我们还能看哪个连队训练？"

"可以看弓箭连，他们正在训练。"铁塔营长说完，带着大家去弓箭连。

招募新兵

一行人还没到弓箭连，就听到前面人声鼎沸，喊叫声乱成一片。

爱数王子眉头紧皱："前面出什么事啦？大战将至，怎么还这么乱哪？"

铁塔营长赶紧向前跑去，不一会儿，他满头大汗地跑了回来："报告王子，许多爱数王国的公民要求参加弓箭连，要为保卫祖国尽一分力。弓箭连连长正在测试他们的水平呢。"

王子问："他们测试的结果怎么样？"

"报告！"这时，弓箭连连长跑过来报告，"参加测试的不超过 30 人，规定每人射四箭。结果，有 $\frac{1}{3}$ 的人有一箭没有射中，$\frac{1}{4}$ 的人有两箭没有射中，$\frac{1}{6}$ 的人有三箭没有射中，$\frac{1}{8}$ 的人连一箭也没有射中。我想录取四箭全部射中的人，可是大家嚷嚷半天，也没算清楚这四箭全部射中的究竟有几个人。"

爱数王子叫道："参谋长。"

没人答应。

爱数王子加重了语气，喊道："参谋长！"

还是没人答应。

王子急了："杜鲁克，我叫你呢！你怎么不答应？"

直到这时，杜鲁克才反应过来。他都忘了自己已经是爱数王国的参谋长了。

王子小声对杜鲁克说："我叫你，你怎么不答应啊？平时我叫你杜鲁克，在外面我要叫你参谋长！"

杜鲁克点点头，小声嘟囔："我不习惯别人叫我参谋长，还不如叫我数学小子呢！"

王子不理他，继续说："请参谋长给算一下，四箭全部射中的究竟有几个人？"

"好的。"既然当了参谋长，就要履行参谋长的职责，杜

鲁克说，"由于参加测试的出现占总人数的 $\frac{1}{3}$、$\frac{1}{4}$、$\frac{1}{6}$、$\frac{1}{8}$ 等情况，说明这个总人数可以被 3、4、6、8 整除。"

"对！"弓箭连连长马上肯定。

"这个总人数一定是 3、4、6、8 的公倍数。我们不妨先求它们的最小公倍数：$3 \times 8 = 24$。因为参加测试的不超过 30 人，所以可以确定实际人数就是 24 人。四箭全部射中的人所占的份数就是：$1 - (\frac{1}{3} + \frac{1}{4} + \frac{1}{6} + \frac{1}{8}) = 1 - \frac{21}{24} = \frac{3}{24}$。$\frac{3}{24} \times 24 = 3$，也就是只有 3 人四箭全部射中。"杜鲁克摇摇头，"怎么才这么几个人呢？少了点儿！"

爱数王子也有同感："确实少了点儿。参谋长，我命你去调查一下，为什么那么多人都射不中，特别是还有人连一箭都射不中，看看是什么原因。"

"得令！"杜鲁克学着其他军官的样子，两只脚的脚后跟一碰，行了一个军礼，然后立刻和弓箭连连长一起跑了过去。

杜鲁克对连长说："咱们先去调查一下有人连一箭都射不中的原因。"

"是，参谋长！"连长向杜鲁克行了一个军礼。由于杜鲁克事先没有准备，连长的敬礼把他吓了一跳。

连长很快带来一个人："报告参谋长，此人叫高不正，他一箭也没射中。"

高不正长得细高挑儿，没有什么特别的地方，只是走路总走斜。

杜鲁克吩咐连长："你再给他四支箭试试。"

"是！"连长很快把弓箭交到了高不正的手里。高不正拉弓搭箭，非常认真地瞄准靶子，瞄了好半天，才嗖的一声把箭射了出去。只见箭歪向左边，离靶子有一米多远，砰的一声钉在了一棵树上。

"太可气啦！"杜鲁克气得跳了起来，"高不正，你距离靶子也就十米，怎么能射偏一米多呢？太过分啦！再射！"

"是，参谋长！"高不正嗖嗖嗖又连射三箭，结果是一箭比一箭歪得邪乎，最后一箭差点射中看热闹的观众。

"高不正，你太伟大啦！你射出的箭能不能歪到后面去呀？"

高不正一本正经地回答："报告参谋长，我没试验过。再说了，开弓没有回头箭，我估计也不大可能，否则，我早就把自己射死啦！"

"真邪门！你哪儿出了毛病？"杜鲁克跑到高不正的跟前，仔细观察他的眼睛。突然，杜鲁克一拍大腿："咳！我明白了，原来你是斜眼！"

"我生下来就是斜眼，所以叫高不正。"

"射不准，不赖你。"杜鲁克说，"不过你生理上有缺陷，就不要报名参军了。如果你参加了大刀连，一刀砍下去还不知道砍到谁呢！回去治一治眼睛，我想是能够治好的。治好以后把名字也改了，不叫高不正，叫高正正！"

"是！谢谢参谋长！"高不正歪歪斜斜地走了。

有 $\frac{1}{8}$ 的人一箭也没有射中，总人数是 24 人，就是 3 人。杜鲁克把剩下的两个人也都检查了一遍，然后回去向爱数王子汇报。

"报告王子，3 名一箭也没有射中的人，我都做了检查。"

"参谋长，检查结果是什么？"

"他们的眼睛都有毛病。"

爱数王子回头叫道："铁塔营长！"

铁塔营长立刻站出来："到！"

爱数王子语重心长地说："这三名眼睛有病的公民，都有一颗爱国之心，我们不能不管他们。我命你带他们去找最好的医生治病，费用由国家出。"

"是！"铁塔营长遵命去办。

爱数王子对杜鲁克说："参谋长，咱们去看看五八司令如何操练队伍。"

"好！"两人直奔演兵场。

数字口令

观看完演兵场的队伍操练后，爱数王子率领文武大臣登上城楼。大家往城下一看，只见城下战旗飞舞，喊声震天，战鼓声声，军号阵阵，战斗一触即发。

鬼算王国部队的正中间摆出了一个八层空心方阵，阵中心搭了一个高台，上面插着一面黑色大旗，旗上写着"鬼算"两个白色大字，大旗旁边放着一把高背虎头椅，鬼算国王手拿鬼头大刀端坐在椅子上。

看了鬼算王国的阵势，五八司令首先说："鬼算国王来势汹汹，我们必须先知道他有多少兵将，具体布的是什么阵，何时发起进攻，做到知己知彼，才好迎敌。"

爱数王子点点头。七八首相说："大战在即，我军要有统一的口令，以防鬼算国王派来的特务或间谍。"

爱数王子又点点头："你说用什么口令好？"

七八首相想了一下，说："问'爱数'，答'必胜'。"

五八司令连连摇头："这太简单，都老掉牙了。"

七八首相兴奋地说："我有个好主意！问'鬼算'，答'必败'，怎么样？"

胖团长说："不好，不好！别说是诡计多端的鬼算国王了，三岁小孩都能猜出来。"

七八首相不说话了。

爱数王子说："口令一般都是对话，我想如果用数字来当口令，敌人一定猜不出。"

铁塔营长高兴地说："好主意！可是用什么数字呢？我们的参谋长是数学高手，还是让参谋长想一个吧！"

"好！"大家齐声呼应。杜鲁克一看，自己推辞不了，于是说："我说一个试试，问'220'，答'284'。"

大家还等着他往下说，杜鲁克却冲大家一笑："说完了。"

"完了？"七八首相问，"这是什么意思？"

杜鲁克解释说："220和284在数学上是一对'相亲数'。"

"数还能相亲？真新鲜哪！有没有'结婚数'呀？哈哈——"杜鲁克说的"相亲数"引起大家一阵哄笑。

杜鲁克一本正经地回答："有'结婚数'，5就是'结婚数'。"

胖团长一看机会来了，眨巴着两只小眼睛问："参谋长，还有'生孩子数'吗？"胖团长的发问，又引起一阵哄笑。

"不要笑了！"爱数王子发火了，"你们对数学所知甚少，连数学上的'相亲数'都没听说过，不知道的就应该好好学，起什么哄！"

众官员立刻收敛了笑容，个个低头不语。爱数王子见状，气也消了些："下面请参谋长给大家讲讲'相亲数'的来历。"

"我也是从书上看到的。"杜鲁克说，"两千多年前，古希腊有位大数学家叫毕达哥拉斯。他特别喜欢数学，把数像人一样看待。他常和朋友讲：'我和我的朋友，就像220和284那样。'"

"道理是什么？"五八司令喜欢刨根问底。

"220除了本身以外，还有11个因数，它们是1、2、4、5、10、11、20、22、44、55、110。谁把这11个数加起来？"

"我来！"胖团长刚才受到了批评，这次自告奋勇做加法，想以此得到王子的谅解。他写出一个算式：$1+2+4+5+10+11+20+22+44+55+110=284$。

"嘿，正好等于284！"胖团长挺高兴。

杜鲁克又说："284除了本身以外,还有5个因数,它们是1、2、4、71、142。这5个因数相加,恰好等于220！"

"妙！妙！妙！"五八司令一连说了三个"妙"。

七八首相开玩笑："你要再多说几个'妙',就快成猫叫了。"

杜鲁克说："220和284这两个数是你中有我,我中有你,相亲相爱,形影不离！"

"好！就是这一对'相亲数'啦！"爱数王子拍板,把数字口令定了下来。

爱刨根问底的五八司令小声问杜鲁克："你能给大家讲讲,5为什么是'结婚数'吗？"

"好的！毕达哥拉斯把除1以外的奇数叫作'男人数',把不是0的偶数叫作'女人数'。这样第一个'男人数'是3,第一个'女人数'是2,而2+3=5表示男女相加,结婚了,所以5叫作'结婚数'。"

五八司令大呼："高！高！实在是高！我可大长学问啦！"

见杜鲁克说完了,爱数王子立刻开始部署："我们应该派一个侦察小分队,到敌军阵地侦察一下。"

五八司令说："如果能捉到一个'舌头'更好！"

"什么？舌头？舌头怎么捉呀？"杜鲁克有点儿怀疑。

胖团长解释说："这里说的不是嘴里长的舌头,而是敌军的军官或士兵,从他那儿可以了解敌人的很多信息。"

　　"噢，是这么回事。"杜鲁克不经意地向城下看了一眼，忽然很紧张地对爱数王子说，"王子，你快看，那个往城里走的士兵，好像是鬼算王国的鬼不怕！"

　　"在哪儿？"爱数王子往城下一看，见一名爱数王国士兵打扮的人正往城里走。王子想起来了，他们在归国的路上，曾去过藏白马和猎枪的山洞，看守山洞的三名士兵分别是不怕鬼、鬼不怕和鬼都怕，其中鬼都怕还是班长。

　　"好！送上门来了！"爱数王子命令铁塔营长，"立即去把那名要进城的士兵抓来！"

　　"是！"铁塔营长带领几名士兵跑了下去。

　　鬼不怕是奉鬼算国王的命令化装侦察来了。他假扮爱数王国的士兵，想混进城里刺探爱数王国的军事情报，包括士兵数量、军队部署、武器配备，等等。

鬼不怕刚走到城门口，铁塔营长就带着士兵迎了出来。

铁塔营长一伸手，拦住鬼不怕的去路。铁塔营长问："口令？220！"

"220？"鬼不怕一摸脑袋，心想：我加30吧！他回答："250！"

铁塔营长一招手："来人！将这个二百五抓起来！"

鬼不怕一翻白眼："哇，坏就坏在这250上了！"

铁塔营长押着鬼不怕来见爱数王子。王子一见，调侃说："嘿，这不是老朋友吗？你是鬼不怕，对吧？"

鬼不怕点点头，说："我说爱数王子，你们这是什么口令啊？220是什么意思？我从没听说过。"

王子笑笑说："口令是军事机密，我不能告诉你。但是你必须告诉我，鬼算国王在城下摆出的八层空心方阵是什么意思，这个方阵共由多少士兵组成。"

鬼不怕哼哼一笑："这是高级机密，我不能说。"

王子一拍桌子："你不说也行。来人！把他关起来，三天不给饭吃！"

鬼不怕是天不怕地不怕，就怕挨饿。他听说要三天不给饭吃，立刻着急了。他说："别，别，你们打我骂我都行，别饿着我呀！别说饿三天，饿一天也不行呀！"

铁塔营长在一旁大声说："怕饿就说实话！"

　　鬼不怕点点头："我说，我说。八层空心方阵是鬼算国王的中心方阵，士兵都是精锐的皇家近卫团士兵。鬼算国王坐在方阵中心的高台上指挥战斗，中心是空的，是为了视野开阔，不受阻挡。"

　　王子问："人数呢？"

　　鬼不怕摇摇头："人数我可真不知道，不过有一次听鬼算国王说过，要把方阵的中心填满，还需要 121 名士兵。"

　　铁塔营长把眼一瞪："谁问你填满中心需要多少士兵了？问你整个方阵有多少人！"

　　"你别跟我来横的！"鬼不怕指着自己的鼻子大声说，"我叫鬼不怕，我连恶鬼都不怕，能怕你吗？我就知道这些，爱怎么着就怎么着，你看着办吧！"

　　爱数王子一看鬼不怕犯倔了，赶紧出来打圆场："可能鬼不怕一时想不起来了，先把他押下去，等他想起来再说。"

　　鬼不怕忙问："给饭吃吗？"

　　"给，给，哪能不给饭吃呢。"爱数王子给了他一个肯定的答复。

　　等鬼不怕走远，爱数王子问杜鲁克："参谋长，空心方阵的人数能不能算出来呀？"

　　"当然可以。"杜鲁克说，"空心方阵是个正方形，而正方形的面积 = 边长 × 边长。121 人要排成一个正方形，边长就是 11，因为 11 × 11 = 121。"

"没错！"五八司令听得明白。

"下面是关键一步，"杜鲁克说到这儿，大家都把脖子伸长，嘴巴张大，"正方形中相邻两层所差的士兵数是 2。"

七八首相在地上画了一个草图，他指着图说："一头多出来一名士兵，合起来正好是 2 名，对，没错！"

杜鲁克继续说："空心方阵最外面的正方形，它的一条边上的士兵数应该是：$11+2 \times 8=27$（人）。这里的 2 就是相邻两层外面比里面多的人数，而 8 则是层数。"

在场的人都低着头在计算，抬起头的是算完了的，他们点了点头，表示明白了。

杜鲁克等大家都抬起了头，又接着往下说："这样一来，我们就可以算出空心方阵的士兵数了：空心方阵士兵数 = 整个方阵的士兵数 − 空心部分的士兵数 =$27 \times 27-11 \times 11=608$（人）。"杜鲁克一口气算完了。

"好！"铁塔营长带头叫好，"咱们有这样能掐会算的参谋长，怎么能不打胜仗呢？王子，这仗怎么打？"

　　爱数王子招招手，让大家聚拢过来，然后小声说："这次攻击由胖团长和铁塔营长共同完成，你们这样……"

　　大家听完以后，同时竖起大拇指："王子的主意高！"

　　胖团长和铁塔团长匆匆离开，去作战斗准备。爱数王子带领其他官员在城楼上等待着战斗开始。

　　很快，战斗开始了，胖团长和铁塔营长各带领一个梯队士兵，一队空降到鬼算国王空心方阵的里面，一队从外面进攻。

　　在爱数王国士兵的内外夹击下，鬼算国王的空心方阵很快就被冲散，鬼算王国的士兵四散逃命。再看鬼算国王，他已被几名爱数王国的士兵围住，体力渐渐不支。

　　在这关键时刻，鬼算王子忽然领着一队人马赶到，他带队左冲右突，杀出一条血路，总算把鬼算国王救了出去。

　　这一战，爱数王国大胜！

王宫里的智斗

打退了鬼算国王的进攻，爱数王子十分高兴，大家返回王宫，正准备商量下一步的战术，忽然士兵来报："报告王子，鬼算国王派遣两名官员，要向王子递交国书。"

爱数王子听了一惊，莫非鬼算国王又来下战书？王子下令："请！"

不一会儿，士兵带来两个人，一个矮矮胖胖，另一个高高瘦瘦。两人进了王宫，先向爱数王子行参拜礼。

矮矮胖胖的官员说："尊敬的爱数王子，我是鬼算王国的外交大臣，叫作鬼算计。我们奉鬼算国王的命令，前来拜见爱数王子。在刚才那场战斗中，我们的鬼算国王发现贵军的胖团长和铁塔营长二位将军身先士卒，英勇善战，对此赞赏有加，特地准备了一份贵重的礼物，让我们俩专程送给二位将军，请笑纳。"

爱数王子一挥手："谢谢鬼算国王，礼物我们收下。"

"慢！"高高瘦瘦的官员站了出来，"来之前鬼算国王特地嘱咐我们俩，胖团长和铁塔营长的勇敢已经领教，但是智慧

如何还需要考查。因为一位出色的将军，既要勇敢，还要有智慧，这才是智勇双全。"

爱数王子问："你叫什么名字？"

高高瘦瘦的官员赶紧鞠躬："对不起，我只顾传达鬼算国王的口谕，忘了自报家门。我是鬼算王国的军机大臣，叫鬼主意。"

杜鲁克小声对七八首相说："鬼算王国的人，名字非常奇怪，什么不怕鬼、鬼不怕、鬼都怕，这又来了鬼算计和鬼主意，每个人的名字中都带有一个'鬼'字。"

七八首相微笑着点点头："这是鬼算王国的特点，所以说，鬼算王国是一个鬼国，由一个大鬼领着一群小鬼！"

"哈哈——"杜鲁克憋不住笑出了声。

杜鲁克这一笑，王宫里的众官员唰地把目光都投到他的身上。杜鲁克赶紧把头低下，恨不得钻到桌子底下。

"嗯、嗯。"爱数王子轻轻地咳嗽了两声，转移一下目标，然后说，"我就知道鬼算国王的礼物不会那么好拿。二位大臣准备如何测试？"

军机大臣鬼主意拿出一金一银两个盒子，又打开一个口袋，里面装着30颗又圆又大的珍珠。这么大的珍珠，堪称稀世珍宝。

外交大臣鬼算计像变魔术一样，从口袋里抽出一条黑绸子。他举着黑绸子说："我用这条黑绸子把一位将军的眼睛蒙上，然后我把珍珠往金、银两个盒子里放。往银盒子里放，每次只能放1颗；往金盒子里放，每次放2颗。我不会不放，也不会多放。"

铁塔营长摇摇头："还挺麻烦！往下怎么办？"

鬼算计接着说："每放一次，军机大臣就拍一下手。珍珠全部放完后，被蒙眼的将军要根据听到的拍手次数，在30秒内说出金盒子、银盒子里各有几颗珍珠。"

鬼主意举了举手中的珍珠："哪位将军说对了，我就把这些珍珠作为礼物送给他。二位将军，哪位先来？"

胖团长和铁塔营长互相看了一眼，铁塔营长说："我先来！"

鬼算计马上给铁塔营长蒙上眼睛。蒙好之后，鬼算计开始分别往金、银盒子里放珍珠，每放一次，鬼主意就拍一下手。

铁塔营长一共听到了 19 次拍手的声音，他自言自语地说："关键是要找到两个数，使这两个数之和等于 19，其中一个数乘以 2，另一个数乘以 1，然后相加正好等于 30。这两个数是几呢？"铁塔营长算到这儿停住了。

过了一会儿，铁塔营长还是没有算出来。这时鬼算计一举手，说："30 秒时间到，铁塔营长失败！"

鬼算计问胖团长："该你了，你来试试？"

"这个——"胖团长十分犹豫。

杜鲁克站了出来："二位大臣，我试试成吗？"

鬼算计上下打量了一下杜鲁克，然后满脸堆笑地问："如果我没猜错，这位小朋友应该是大名鼎鼎的'数学小子'吧？"

爱数王子啪地一拍桌子："哼，鬼算计胆敢无理！这里没有什么'数学小子'，他是我军的参谋长杜鲁克将军！"

杜鲁克一听，心想：嗯？怎么着，我真升为将军啦？嘿嘿，不错，我可以过过将军瘾了！

鬼主意一看爱数王子发怒了，赶紧站出来说："王子息怒，只怪我们俩有眼不识泰山，在这里给参谋长赔罪，请参谋长原谅，大人不计小人过。"说着，两个人并肩站好，一齐向杜鲁克鞠躬。

"算了。"杜鲁克显得宽宏大量，"你们说，我可不可以猜呀？"

"欢迎，欢迎！请参谋长蒙上眼睛。"鬼算计给杜鲁克蒙上了眼睛。

鬼算计快速地向金、银盒子里放珍珠，鬼主意啪啪不断地拍手。杜鲁克心里暗暗记数，鬼主意一共拍了 21 次手。

杜鲁克立刻说："金盒子里有 18 颗珍珠，银盒子里有 12 颗珍珠。对不对？"

鬼算计打开盒子一数，分毫不差。"好啊！"王宫里响起了掌声和欢呼声。

杜鲁克走上前去，把珍珠都装进口袋里，冲鬼主意和鬼算计点点头："谢谢啦！我就不客气，照单全收了！"

"慢！"又是鬼主意站出来阻拦，"不错，参谋长是答对了，但是谁敢保证参谋长不是蒙的呢？参谋长必须说出解答的全过程，才能拿走这些珍珠。"

"好说。"杜鲁克微笑着点点头，"我听到了 21 次拍手，如果这 21 次都是往银盒子里放，由于每次只能放 1 颗，总共只能放进 21 颗，而实际上你把 30 颗珍珠都放完了。这样一来，差了 9 颗。对不对？"

鬼主意连忙点头说："对！"

"这说明这 21 次不都是往银盒子里放的，其中有 9 次是往金盒子里放的。由于往金盒子里放，每次能放 2 颗，这样就弥补了刚才所差的 9 颗。所以往银盒子里只放了 12 次，有 12 颗珍珠，而往金盒子里放了 9 次，有 18 颗珍珠！"

杜鲁克凑在鬼主意的耳边小声说："看你学习态度还挺端正，我告诉你一个绝密公式吧！

金盒子里的珍珠数 =（30 − 拍手次数）× 2
银盒子里的珍珠数 = 30 − 金盒子里的珍珠数

不信你算算。"

鬼主意还挺听话，真的趴在地上，算了起来：

金盒子里的珍珠数 =（30 − 拍手次数）× 2
           =（30 − 21）× 2
           = 18（颗）
银盒子里的珍珠数 = 30 − 金盒子里的珍珠数
           = 30 − 18
           = 12（颗）

鬼主意站起来，傻笑着说："嘿嘿，还真对！"

鬼算计冲爱数王子一抱拳："王子殿下，30 颗珍珠已被参谋长得到，我们俩的使命也已完成。我们即刻要回国向鬼算国王复命，告辞了！"

爱数王子也点头说："后会有期！"鬼主意和鬼算计转身离开了王宫。

　　他们俩刚离开，杜鲁克就举着一口袋珍珠走到爱数王子面前："这30颗珍珠，我捐给爱数王国用作军费，抗击鬼算王国的侵略！"

　　"啪啪啪——"现场又一次响起了热烈的掌声，大家赞扬杜鲁克无私的精神。

　　七八首相说："参谋长献珍珠，真是可敬可佩！但鬼算国王来献珍珠，这是'黄鼠狼给鸡拜年——没安好心'。刚刚打完的这场仗，鬼算王国损兵折将，元气大伤。他现在用的是缓兵之计，我们万万不可放松警惕！"

　　爱数王子问："鬼算国王的下一招会是什么呢？"

　　七八首相凑在王子耳边小声说："他们可能会这样……"

　　王子点点头。

深夜鬼影

天已经黑了，可是鬼算国王的王宫里灯火通明，人声嘈杂。

鬼算国王坐在正中的宝座上，头上、胸部、手臂、大腿都缠着纱布，看来伤得不轻。

鬼首相一肚子怨气："国王，咱们吃了这么大的亏，难道就算完了吗？"

鬼算国王啪地一拍桌子，吼道："没完！"

头上缠着纱布的鬼司令站起来问："真难咽下这口恶气！咱们为什么还要送珍珠给他们？"

鬼算国王一跺脚："为了麻痹他们！"

正说着，鬼算计和鬼主意回来了，他们俩拜见了鬼算国王。

鬼算国王问："经过试探，你们觉得胖团长和铁塔营长怎么样？"

鬼算计回答说："此二人勇敢有余，智慧不足。国王对此二人不用担心。"

"但是，"鬼主意说，"那个参谋长是我们的心腹大患。此人虽小小年纪，数学水平却很高，有胆有识，不可小瞧！"

鬼算国王两眼一瞪，目露凶光："这个娃娃叫杜鲁克，外号'数学小子'。我已经和他打过多次交道，每次都是我败下阵来，真是让人头疼呀！"

鬼首相问："国王有什么好主意？"

鬼算国王紧握双拳，恶狠狠地说："咱们明的不行，就来暗的！"

国王一指鬼司令："快把那两个人叫来！"

不一会儿，鬼司令带来两个人。他们俩都穿着黑色夜行衣，背后插着鬼头大刀，头上戴着黑色头套，只露出两只眼睛。两人见到鬼算国王，单膝跪地，齐声说："鬼无影，鬼一刀，拜见国王！"

鬼算国王见到鬼一刀和鬼无影，得意地一阵冷笑："各位看到了没有？这两个人是我国的国宝！鬼无影行动起来快如风，身无影，从高处落地就如同飘下的一片树叶。鬼一刀的刀法极为精准，说砍你的眼睛就绝砍不着你的眉毛。有此二人当杀手，我想要谁夜半一点死，他绝活不过一点零一分！"

文武百官齐刷刷地竖起了大拇指，共同欢呼："国王英明！国王伟大！"

"哈哈——"鬼算国王一阵狂笑，"今天晚上我就派鬼无影和鬼一刀前去爱数王国，刺杀爱数王子和数学小子。国不可一日无君，杀了爱数王子，爱数王国不攻自乱；杀了数学小子，爱数王国再没有了数学能手，我怎样算计他们都行。哈哈——"说到得意之处，又是一阵狂笑。

鬼首相考虑问题十分细致，他问："国王，你知道爱数王子和数学小子住在什么地方吗？"

"知道！爱数王国的所有官员都住在王国公寓里，爱数国王和爱数王子也是如此。"鬼算国王有十分的把握。

鬼首相又问："据我所知，王国公寓非常大，有上千间屋子，他们俩都住在几号房间？"

"马上就能知道。"鬼算国王话音刚落，一只大鸟悄无声息地从外面飞了进来。大鸟在王宫里转了一圈，稳稳地落在了鬼算国王的肩膀上。

大家定睛一看，原来是只猫头鹰，它嘴里还叼着一只死耗子。

鬼算国王轻轻地拍了拍猫头鹰的脑袋，它一松嘴，死耗子就落到了鬼算国王的手里。国王从死耗子嘴里抽出一个纸卷儿，打开一看，上面写着：

王子 + 小子 =3936

王子 – 小子 =38

鬼首相看过之后，连连摇头："这是什么意思呢？"

"这是我安插在爱数王国的一名特务发来的。他告诉我：爱数王子房间号和数学小子房间号的数字之和是3936，而差是38。"鬼算国王说完，把纸卷儿扔给鬼无影，"房间号就在这里，你们自己算去吧！记住，今夜1点钟，要准时完成刺杀任务！"

鬼无影和鬼一刀齐声回答："是！一定完成任务！请国王放心！"说完，一转身就没影了。外面夜色如漆，伸手不见五指，只见两个鬼影忽隐忽现，快速向爱数王国奔去。

不一会儿，两个鬼影就来到了王国公寓。

一个鬼影说："喂，鬼无影，咱俩先要把爱数王子和数学小子的房间号算出来！"

鬼无影来到亮一点儿的地方，拿出纸卷儿开始计算："这个问题容易，把两个式子相加，有：2× 王子 =3974，王子 =1987。王子住在1987号房间。"

鬼一刀也不甘落后，说："把两个式子相减，有：2×小子 =
3898，小子 =1949。鬼无影，你去 1949 号房间刺杀数学小子，我去
1987 号房间砍爱数王子的脑袋！"

"好！"鬼无影答应一声就不见了。

鬼无影刚走，鬼一刀就开始寻找 1987 号房间，没费多大
工夫就找到了。他蹲在窗户下面侧耳静听，屋里没有声音。他
来到门前，掏出万能钥匙轻轻打开门锁，小心翼翼地把门推开。

借助月光，鬼一刀看到房间很大，床上躺着一个人，不用
问，准是爱数王子。他迅速抽出插在背后的鬼头大刀，一个箭
步蹿到床前，照准那人的脖子，手起刀落，只听噗的一声，一
个东西从床上叽里咕噜滚下来。鬼一刀心中暗喜，这一定是爱

数王子的脑袋!

鬼一刀心想:甭管你是王子还是国王,我鬼一刀一定是一刀毙命!他从地上捡起滚落下来的东西定睛一看,啊?不是爱数王子的脑袋,是一段大冬瓜!他掀开被子一看,被子下面还有几个冬瓜。

呀,上当啦!鬼一刀刚想离开,突然屋子外面灯火通明,爱数王子带着铁塔营长和众多士兵站在门口。

爱数王子哈哈大笑:"鬼一刀,你切冬瓜倒是挺准的!深更半夜的,鬼算国王不会是让你到我这儿买冬瓜吧?"

鬼一刀想破窗而逃,铁塔营长早有准备,只见他一个虎跳就扑了上去,紧接着来了个扫堂腿,把鬼一刀摔了一个狗啃泥。铁塔营长伸出大手,像抓小鸡一样,一把将鬼一刀提了起来。尽管鬼一刀手脚乱蹬,但也无济于事。

这时远处传来"哈哈"的笑声,原来是杜鲁克。士兵押着鬼无影正朝这边走来,还离好远,杜鲁克就大声叫道:"王子,我这儿也抓了一个!"

看来,鬼无影的暗杀行动也失败了。

特殊密码

文武百官聚集在爱数王国的王宫，开始审讯两名杀手。

爱数王子下令："把两名杀手带进来！"两名士兵押着鬼无影先进来，紧跟着另外两名士兵押着鬼一刀也走了进来。

爱数王子开始审讯："通报姓名！"

"鬼无影。"

"鬼一刀。"

"来爱数王国的目的？"

"刺杀爱数王子和参谋长杜鲁克。"

"你们是怎么知道我和参谋长的房间号的？"

两人低头不语。

爱数王子提高了说话的声音："我问你们问题，为什么不回答？"

鬼无影忽然一抬头，反问："你怎么知道我们俩今夜会来刺杀你们？"

"我来回答你这个问题。"七八首相说，"我和鬼算国王可以算是老朋友了，我们俩斗了半辈子。你们鬼算国王的脾气秉性，我了解得一清二楚。"

鬼一刀问："你是七八首相吧？"

"说得对，我就是七八首相。第一，鬼算国王从来不认输，侵吞我们爱数王国之心不死；第二，鬼算国王善使诡计，行刺、暗杀、窃取情报，都是他的拿手好戏。"

在场的文武百官频频点头，大家深有同感。

七八首相继续说："刚刚结束的这场战斗，鬼算国王输了，但他绝不会甘心失败。我立刻提醒爱数王子要防止他派人来暗杀，果不其然，鬼算国王就派你们俩来了。由于我们事先有准备，你们只能自投罗网。"

啪！爱数王子一拍桌子："你们问的问题，七八首相已经作了回答。该你们回答我房间号的问题了。"

"这个——"两人欲言又止。

接下来，不管怎么问，两人都咬紧牙关，一字不吐。

怎么办？遇到这样的顽固分子，你还真拿他没办法。

杜鲁克忽然想起前些时候审问鬼不怕的情景。当时鬼不怕也是什么都不说，可是他天不怕地不怕，就怕挨饿，一说饿他三天，他就什么都说了。我何不来个照方抓药，也试试他们？

啪的一声，杜鲁克也拍了一下桌子："两个小鬼既然什么都不说，把他们俩押下去，七天不给饭吃！"

"是！"士兵答应一声，拉着鬼无影和鬼一刀往外走。

"别、别、别说饿我们俩七天，饿两天也受不了啊！我们说。"鬼无影也怕饿，他说，"我们知道爱数王子和参谋长的房间号，是因为你们高层领导中有特务。"

鬼无影此话一出，犹如一石激起千层浪，王宫里立刻炸了窝："我们在座的人当中有特务？"大家你看看我，我看看你，都在互相揣测。

还是七八首相沉稳老练，他站起来做了个手势，让大家安静。他说："咱们不能上敌人的当，自乱阵脚。我们的人当中有没有特务，是需要调查的。"

鬼无影急了，激动地说："我可没骗你们！如果不是你们当中有特务，我们怎么可能准确找到王子和参谋长的房间？"

七八首相问："既然有特务，你说说特务是怎样和你们联系的。"

鬼无影交代说："是通过猫头鹰联系的。特务把情报放入一只死耗子的嘴里，猫头鹰叼着死耗子飞回鬼算王国的王宫。"

"嗯。"七八首相低头想了一下，"士兵，先把他们俩押下去，好好看管！"

鬼无影一面往外走，一面回头问："给不给我们俩饭吃？"

七八首相回答："从明天早饭开始，一天三顿管饱，放心吧！"

看鬼无影和鬼一刀被押了下去，七八首相宣布："今天的会到此结束，大家回去休息。"文武百官都走了，只剩下爱数王子、七八首相和杜鲁克三个人。

　　爱数王子问七八首相："首相，你看特务这事是真的吗？"

　　七八首相十分肯定地说："绝对是真的！你们俩的房间号都是四位数字，不可能是蒙的。"

　　"真有特务？那可怎么办？我们应该立刻把特务找出来！"杜鲁克十分紧张。

　　七八首相摇摇头："暂时我也没有什么好办法。"

　　"我有个好主意。"杜鲁克说，"特务不是靠猫头鹰来传递情报吗？我们可以这样……"

　　"好主意！"爱数王子高兴地跳了起来。

　　七八首相微笑着点点头："参谋长果然想法不一般！好，咱们就试试。"

　　夜深人静，除了哨兵来回走动的脚步声，听不到任何声音。

　　王国公寓的一扇窗户被轻轻地推开了，一只大鸟从窗户里飞了出来，一点儿声音也没有。大鸟在窗前稍作盘旋，径直飞向了天空。与此同时，一只更大的鸟飞了过来，往刚打开的窗户里甩进一泡鸟屎，然后快速飞走了。窗户也随即关上了。

月光下，人们看清了，从窗户里飞出的正是猫头鹰，它嘴里叼着一只死耗子，正往鬼算王国的方向飞去。突然，一只白色大鸟从天而降，一把抓住猫头鹰。这只白色大鸟正是白色雄鹰。

白色雄鹰抓着猫头鹰来到了王宫，把猫头鹰轻轻递给了爱数王子。与此同时，黑色雄鹰也飞了进来，两只雄鹰一左一右落在了王子的两肩上。爱数王子从死耗子嘴里抽出一张纸条，打开一看，上面写着：

5990　7526　0647　　　8863　1932　3133

王子说："是一组数字密码！"他把纸条翻过来，看到一张表格。

0626 则	5932 彼	7547 敕
8844 什	1979 衬	5663 唒
3195 提	8833 促	597790 衍

　　爱数王子拿着这张纸条有点发愣，心想：这组密码和这张表有什么关系？

　　杜鲁克站在一旁也认真地看着，不一会儿就发现了其中的奥秘。他指着方格表说："王子，你看，表上的绝大多数字，都是由左右两部分组成，每一部分都由两个数字组成，只有右下角的'衍'字是由左中右三部分组成。"

　　爱数王子点点头："对！"

　　杜鲁克又说："而文字的某一部分都和两个数字相对应，比如'俩'字，左边的'亻'对应数字'56'，而右边的'两'对应数字'63'。在纸条的正面，前三组密码和后三组密码中间拉开的空当，表示中间有一个逗号。"

　　七八首相微笑着说："参谋长果然聪明过人，是这么个规律。"

　　杜鲁克信心倍增："这样一来，我们就可以根据这张表把密码翻译出来了。5990 是由 59 和 90 组成，而 59 在表中对应的是'亻'，90 在表中对应的是'宁'。"

　　爱数王子抢着说："所以，5990 就对应'行'字。"

　　七八首相也来了兴趣："其余的几个字我来翻译！"

　　爱数王子总结说："这六个字连在一起，就是'行刺败，俩被捉'。这是特务向鬼算国王报告暗杀结果的。"

　　杜鲁克问："怎么办？"

　　爱数王子一咬牙："先抓出特务！"

智擒特务

爱数王子传令，要求全体官员马上到王宫开会，有要事相商。许多官员刚刚躺下，一听说王子要召开紧急会议，赶紧穿好衣服往王宫跑。经过清点，官员全部到齐。

爱数王子十分严肃地说："把各位紧急召来，是因为我们爱数王国发生了大事！"

"大事？"众官员你看看我，我看看你，一头雾水，不知道出了什么大事。

王子说："我们在座的官员中，隐藏着一名鬼算王国的特务！"王子话一出口，在场的官员先是目瞪口呆，马上又议论纷纷。

五八司令首先站了起来，问："谁是特务？咱们一定要把这个特务抓出来，把他碎尸万段！"

"对！一定饶不了他！"大家义愤填膺。

七八首相站起来摆摆手："大家安静！要抓特务，先要有证据，要让他心服口服。这个特务是通过猫头鹰传递情报的。"说着，首相向大家出示了刚刚抓到的猫头鹰。

首相继续说："这只猫头鹰是从咱们王国公寓的一间房里飞出来的。我现在把它放了，它必然还要返回原来的房间，飞到哪个房间，说明这个房间的主人必然是特务！"

"好主意！放！放！"众官员异口同声地喊。

首相一松手，猫头鹰就扑棱翅膀飞了出去。大家也都跟了出去。只见猫头鹰先在空中转了两圈儿，然后停在了四楼一间房的窗台上。

五八司令一指："那是财政大臣的房间！"

大家齐刷刷把目光投向了财政大臣。

"这是诬陷！"财政大臣倒是沉得住气，面不改色心不跳，"大家都知道，我和五八司令素来不和，他是想利用这个机会公报私仇！说我是特务，拿出证据来！"

"当然有证据。"七八首相挥挥手，"大家跟我来！"在场的官员随首相来到了财政大臣的房间。

财政大臣打开房门，一股臭气从屋里传出。"怎么这么臭啊？"大家纷纷捂住自己的鼻子。

七八首相很快找到了黑色雄鹰甩进屋里的那泡屎。首相指着这泡屎问："财政大臣，这是什么？"

"这——"财政大臣张口结舌。

"你不知道？我来告诉你吧！"杜鲁克解释说，"我们怕你不承认，在你打开窗户放飞猫头鹰的同时，我们让黑色雄鹰甩进了一泡屎。怎么样，没词儿了吧？"

财政大臣立刻低下了头："我承认，我是特务。"

爱数王子发怒了："你身为国家重臣，怎么会替鬼算国王卖命？！"

"是鬼算国王用50根金条收买了我。我见钱眼开，我有罪，请王子宽恕！"财政大臣说完，扑通一声跪在地上，一个劲儿朝王子磕头。

"唉！"王子叹了一口气，"看在你是爱数王国老臣的分儿上，给你一次将功折罪的机会。"

"谢王子，只要不杀我，让我干什么都行。"说完，财政大臣磕头如小鸡啄米。

七八首相掏出一张纸条递给财政大臣："把这份情报发给鬼算国王。你发不发，怎么发，全看你自己。"

财政大臣接过纸条："我一定发出去，请首相放心！"

再说鬼算国王，他坐在自己的王宫，正等着成功刺杀爱数王子和杜鲁克的好消息。

这时，一只猫头鹰悄无声息地飞了进来，落在了鬼算国王的肩上。鬼算国王熟练地从猫头鹰嘴里取出死耗子，又从死耗子嘴里掏出一张纸条。

他打开纸条，首先看到了一组密码：

5990　7526　3133　　　8879　8879　5626

他又翻到背面，看到翻译用的方格表：

0626 则	5932 彼	7547 敕
8844 忙	1979 决	5663 致
3195 妇	8533 抄	597790 衍

鬼算国王翻译得很熟练："行刺妙，快快到。"

鬼算王子高兴地说："他告诉咱们，暗杀已经成功。趁他们国内混乱，咱们快快出兵！"鬼算国王却一面来回踱着步，一面反复念着情报的内容。

"父王，咱们赶紧出兵吧！机不可失，时不再来。"鬼算王子一个劲地催促。

鬼算国王可谓老奸巨猾，他既不敢完全相信情报的内容，又怕失去千载难逢的机遇，心里充满了矛盾。

终于，鬼算国王停下脚步，命令鬼算王子带领一支侦察小分队，趁着现在夜深人静，先去爱数王国打个前站，探探虚实，随后他再带领大队人马进攻。

"得令！"鬼算王子答应一声，点了几名精兵强将，这当中当然少不了鬼都怕和不怕鬼两人。

临行前，鬼算国王嘱咐儿子要记住三件事：第一，要弄清楚爱数王子和杜鲁克是否真的被杀；第二，弄清爱数王子死后，爱数王国的军队由谁来指挥；第三，一定要和特务即财政大臣取得联系。联系的密码是个四位数，这个数左右对称，四个数字之和等于为首的两个数字所组成的两位数。

一离开王宫，鬼都怕就一脑门子不高兴，他对鬼算王子说："主子，我说了你可别不高兴。咱们国王真够可以的，前两项任务已经够难的了，还连密码都不告诉咱们，让咱们自己去算。这个问题这么难，咱们能算出来吗？"

鬼算王子笑笑说："你叫什么名字？鬼都怕！连鬼都怕你，别说是一道题了！你一定能算出来。"

鬼都怕挠了挠头，果真思索起来："算这类问题应该从哪儿下手呢？应该从第一个条件'密码是个四位数，这个数左右

对称'入手。"鬼都怕逐渐理清了思路，"可以设这个四位数为 $abba$。"

"对，这个四位数应该是这样。"鬼算王子点点头。

鬼都怕继续说："依题意'四个数字之和等于为首的两个数字所组成的两位数'可得：

$$2（a+b）=10a+b$$
$$b=8a$$

由于 a 和 b 都是不大于 9 的正整数，所以 $a=1$，$b=8$，密码是 1881。"

鬼算王子清点了一下人数，不超过十个人，为了便于行动，他把侦察小分队又分成三个组，三个组拉开距离往前走。

　　走在最前面的是鬼都怕和不怕鬼两个人，他们俩是第一小组。两个人都有飞毛腿的功夫，一哈腰就能蹿出去二里地。不一会儿，两人就来到了爱数王国的边界，鬼都怕示意不怕鬼隐藏好，等待人接应。

　　"咕咕咕"，鬼都怕学了三声猫头鹰叫，"呱呱呱"，对面传来三声癞蛤蟆叫。接着对方问："密码？"不怕鬼答："1881。"联系暗号是对的。

　　鬼都怕和不怕鬼从藏身地走了出来，对面也走来一个人，定睛一看，是爱数王国的财政大臣。

　　财政大臣冲鬼都怕招招手，小声说："跟我来！"鬼都怕和不怕鬼迅速越过国界，消失在黑暗中……

鬼算王子中计

财政大臣带着鬼都怕和不怕鬼，左转一个圈儿，右转一个圈儿，最后在一个山洞前停下了。

财政大臣问："需要什么情报？"

鬼都怕说："爱数王子和杜鲁克确实都被杀了？"

"没错！鬼一刀和鬼无影一人杀了一个。"

"怎么没看见鬼一刀和鬼无影呢？"

"他们俩在山洞里面等你们呢！"

"我们要马上见到他们俩！"

"跟我走！"财政大臣带头进了山洞，鬼都怕和不怕鬼紧跟其后。

山洞里漆黑一片，伸手不见五指。两人跟在财政大臣后面摸索着往前走，走了一段路，鬼都怕忽然觉得脖子上凉飕飕的，回头一看，天哪，一把闪着寒光的大刀压在了自己的脖子上。

鬼都怕刚想喊，忽然周围亮起了火把，只见铁塔营长手拿大刀正压在自己的脖子上。他溜眼一看，不怕鬼也被控制住了。

"这是怎么回事？"鬼都怕问财政大臣。

财政大臣低头不语。

铁塔营长说："我来告诉你吧！财政大臣通敌叛国，被我们发现了。你们派来的杀手鬼一刀和鬼无影也被我们活捉了，我们布好了陷阱，专等你们上钩！"

"啊！"听完铁塔营长的一番话，鬼都怕惊得张着大嘴，一句话也说不出来。

铁塔营长问："你们是不是来了一个侦察小分队？"

由于刀架在脖子上，鬼都怕不敢不老实回答："对。"

"侦察小分队由谁带队？一共有多少人？分几批越过国境？"

"侦察小分队由鬼算王子亲自带队，分三批越过国境。我和不怕鬼是第一批，人数最少，其余两批的具体人数，我不知道。"

"你真的不知道？"铁塔营长把架在鬼都怕脖子上的刀往下按了按。

"我说，我说。"鬼都怕知道铁塔营长如果再往下按一下，自己的脑袋就要搬家了，"鬼算王子对我们说过，这三批队伍，每一批的人数都不相同，但是这三批人数的乘积，恰好等于2月份的某一天。"

"这——"铁塔营长知道自己是算不出这个问题的答案的。他叫来士兵，对士兵耳语了几句。

士兵答应一声："是！"转身跑出山洞。

杜鲁克、爱数王子、七八首相和胖团长都在山洞外面。士兵把鬼算王子出的题说了一遍。

爱数王子摇摇头："鬼算王子出的这个问题，有难度啊！"

"有难度好啊，可以锻炼我们的脑子。"杜鲁克还是笑嘻嘻的，"鬼算王子说，这三批人中每一批的人数都不相同。鬼都怕又说他和不怕鬼是第一批，人数最少，只有 2 人。这三批人数的乘积，恰好等于 2 月份的某一天。我先找三个最小的数 2、3、4 试试。"

做乘法胖团长可是把好手，他说："2×3×4=24，是 2 月 24 号！"

"对！"杜鲁克点点头，"我还要试试有没有别的答案，再取 2、3、5 试试。"

胖团长还真够快的："2×3×5=30，是 2 月 30 号。"

"不成！"爱数王子插话，"2 月份最多有 29 天，不会有 2 月 30 号。"

"对！这就是说，另外两批，一批有 3 个人，另一批有 4 个人。侦察小分队总共才 9 个人，不多！"杜鲁克胸有成竹。

爱数王子提醒说："既然是侦察小分队，任务主要是侦察，人数虽然不多，但是它的作用绝不可低估。特别是它由鬼算王子亲自带领，一定有重要任务！"

杜鲁克拍拍脑门儿："会是什么重要任务呢？"爱数王子双手一拍："告诉铁塔营长，还要继续审问鬼都怕，我相信他

一定知道侦察的目的！"

　　审问刚开始，鬼都怕只承认他是来和财政大臣接头的，别的一概不知。经过多次问话，鬼都怕就是咬牙不说，把铁塔营长急出了一头汗。

　　铁塔营长忽然想起鬼算王国的人都怕挨饿，他一拍双手："你如果还不交代，我饿你一周！"

　　此招果然见效，鬼都怕立刻跪在地上磕头："我天不怕，地不怕，就怕挨饿。我说，我全交代！"

　　"快说！"

　　"你们的财政大臣给我们传来情报，说爱数王子和你们的参谋长都已经被鬼一刀和鬼无影杀死。鬼算国王半信半疑，他特别让鬼算王子亲自带领一支侦察小分队来查实一下。"

"如果我们的王子和参谋长真的被杀，会怎么样？"

"鬼算国王会趁你们国家给王子治丧、群龙无首的机会，发动进攻，偷袭你们！"

"如果爱数王子还健在呢？"

"那要做好准备，防止你们乘胜攻击我们。"

"你和财政大臣接上头以后怎么办？"

"我会向第二分队发信号，告诉他们，我们已经接上头了。"

铁塔营长把审问结果及时汇报给爱数王子。爱数王子低头沉思了一会儿："咱们不妨来个将计就计。"

七八首相问："怎么个将计就计？"

爱数王子让大家聚拢过来，然后小声说："咱们可以这样……"

大家听完以后齐声叫道："好主意！就这么办！"

爱数王子分头布置了任务，让大家赶紧去做准备，自己则和杜鲁克在暗处隐藏好。

铁塔营长接到命令，让鬼都怕立即发信号，告诉第二分队，他们俩和财政大臣已经接上头。

鬼都怕点点头，他先"咕咕"学了两声猫头鹰叫，又"呱呱呱"学了三声癞蛤蟆叫，接着又"曜曜曜曜"学了四声蛐蛐叫。

杜鲁克听到之后，心想：鬼都怕学的动物有天上飞的，地上跑的，还有水里游的。陆海空全齐了，嘻嘻，真有意思！

不多会儿，后面传来"嗷——嗷——"两声狼嚎，深夜里听起来十分瘆人。接着，杜鲁克他们就听到脚步声，又见三个黑影匆忙赶来。领头的不是别人，正是鬼算王子。

杜鲁克有点不解："鬼算王子应该在最后一个小分队里才对，压轴的都是后面出场，他怎么跑中间的小分队里来了？"

爱数王子解释说："这正是鬼算国王狡猾的地方。前面的小分队怕遇到我们的哨兵，后面的小分队怕我们抄他的后路，中间最保险，打仗时统帅都在中军就是这个原因。所以他把鬼算王子放在第二小分队。"

鬼算王子见到了鬼都怕、不怕鬼和财政大臣，忙问："爱数王子和杜鲁克真的死了吗？"

三个人一齐点头："真的死了！"

鬼算王子下令："带我去看看他们的灵堂！"

财政大臣忙说："灵堂设在王宫，那里看守的士兵非常多，你去了有危险！"

"有危险我也要去，爱数王国不乏有计谋之人，我怕其中有诈，不亲眼看看我不放心。财政大臣带路，咱们去王宫！"说完，鬼算王子的刀已经顶在了财政大臣的后腰上。

财政大臣知道不去是不行了，他点点头："好，我带路！"

财政大臣哈着腰在前面带路，鬼算王子一行五人在后面紧紧跟着。他们走到王宫前面，藏在一块大大的假山石后，偷偷往王宫里看。

只见王宫的正中央立着两个牌位，七八首相带领官员们跪在牌位前痛哭流涕。鬼算王子见此情景，十分高兴："看来爱数王子和数学小子果然是一命呜呼了。"

鬼算王子一溜烟跑回国内，兴奋地向鬼算国王报告了这个好消息。

鬼算国王生性多疑，并没有立刻安排进攻，而是唤过鬼算王子，秘密地吩咐了一番。

化装侦察

一连数日，鬼算王国没有动静。此时爱数王子反而坐不住了，他深知鬼算国王不会善罢甘休，对方一定在谋划着更大的阴谋。可是，鬼算国王下一步想干什么呢？不能这样干等着，要到鬼算王国去实地侦察一下，正所谓"知己知彼，百战不殆"。

爱数王子决定只带杜鲁克一人前去侦察。爱数王子化装成一个有钱的富商，穿戴十分华丽：头戴水獭皮小帽，身穿黄色的绸子衣裤，戴着墨镜，嘴上留着两撇小胡子，腰间依旧挂着他那把宝剑，骑着那匹白色宝马。

杜鲁克则化装成一个小仆人：头戴一顶黑色的小毡帽，脸上涂了许多黑色油彩，显得黑了许多，身穿黑色衣裤，远远看去，就是一个小黑人。他腰间挎了一把大刀，骑着一匹黑马。

听说爱数王子要到鬼算王国去侦察，很多官员表示反对。

七八首相第一个反对，他说："我们和鬼算王国交战，取得了巨大的胜利。鬼算国王已是惊弓之鸟，他不敢再来侵犯我国。你和参谋长前去侦察，万一遇到点麻烦，我们爱数王国将无人领导，那损失可太大了！"

五八司令也说："鬼算国王已经被我们打趴下了，他不敢再捣乱了！"

爱数王子摇摇头："你们越是这样说，我就越要去。麻痹大意害死人哪！鬼算国王绝不是一个轻易认输的人，他灭我爱数王国之心不死！"

众官员见拦不住，都叮嘱王子一路小心。七八首相偷偷把铁塔营长叫到一边，让他带两名武艺高强、头脑灵活的士兵暗地跟随，保护王子和参谋长的安全。铁塔营长点头答应。

这天夜晚，正是阴历初一，天上没有月亮，大地漆黑一片。爱数王子和杜鲁克各自拉着一匹马，悄悄离开了王宫，抄小路向鬼算王国走去。快到国境线时，两人骑上马飞也似的越过了国境线。

守在国境线上的士兵大声问道："谁？口令？"

士兵话音未落，又有三匹快马呼的一下从他眼前飞驰而过，这是铁塔营长带领两名士兵在后面保护。

天亮了，爱数王子带领杜鲁克去了一处兵营。由于常年和鬼算国王打交道，爱数王子对鬼算王国的一草一木都非常熟悉。这处兵营正是鬼算国王的精锐部队所在地。

兵营门口有哨兵把守，进去是不可能的。两人下了马，在兵营门口溜达，寻找机会。这时，一名厨师从里面走了出来，爱数王子赶紧迎了上去，从口袋里掏出一枚金币，悄悄塞到厨师手里。

厨师低头一看，是一枚金币，抬头一看，眼前站着一位阔商人，心中一喜。

厨师客气地问："不知你找我有什么事？"

"也没什么要紧的事。"爱数王子说，"我就想知道，咱们这座兵营里有多少士兵，将来他们需要什么，我也可以做点买卖。"

厨师笑着说："你这位买卖人真会做买卖，把生意都做到兵营来了。不过，兵营里有多少士兵是军事秘密，我不能告诉你。"

"那是，那是。"爱数王子非常理解地点点头，随手又往

厨师手里塞进一枚金币，"你现在正干什么活儿呢？"

"刷碗！"厨师皱着眉头说，"刷碗这活儿，最讨厌了，又脏又累。你看，我刚刚刷完65只大碗。"

"你怎么刷这么多碗？" "早饭是每2名士兵给一碗饭，每3名士兵给一碗鸡蛋羹，每4名士兵给一碗肉，一共用了65只大碗。这么多大碗，我刷了好半天才刷完。"

"还是精锐部队吃得香，早饭就这么丰富。师傅辛苦，再见！"爱数王子也不再问，挥手和厨师告别。

爱数王子和杜鲁克来到一偏僻处，王子问杜鲁克："你能不能根据厨师说的这些数据，算出兵营里有多少士兵？"

"应该可以，我来试试。"杜鲁克边算边写，"厨师说出了碗的总数，以及士兵和碗的关系。如果能求出每名士兵占多少只碗，就可以求出士兵人数。2名士兵给一碗饭，每人占$\frac{1}{2}$只碗；3名士兵给一碗鸡蛋羹，每人占$\frac{1}{3}$只碗；4名士兵给一碗肉，每人占$\frac{1}{4}$只碗。合起来每人占（$\frac{1}{2}+\frac{1}{3}+\frac{1}{4}$）只碗，士兵人数是65÷（$\frac{1}{2}+\frac{1}{3}+\frac{1}{4}$）=60（人）。"

"啊！"爱数王子听了这个结果，倒吸了一口凉气。

杜鲁克忙问："怎么了？"

爱数王子解释说："我知道鬼算国王的精锐部队，也就是他的御林军，原来只有50人，现在扩充到了60人，说明鬼算国王正在增兵，增兵的目的还是要侵犯我们爱数王国啊！"

"啊？"杜鲁克也吃了一惊，"多亏来侦察了，不然咱们还被蒙在鼓里呢！"

爱数王子说："咱俩再探一探鬼算国王还有什么秘密。先去他们的练兵场。"

"走！"杜鲁克来了精神。

来到鬼算王国的练兵场，他们看到士兵们都在练习射箭。

爱数王子问一名士兵："你们为什么都练习射箭呢？"

这名士兵上下打量了一下爱数王子："看来你不是当地人，我们的鬼算国王正在加紧练兵，准备进攻爱数王国。国王说了，想打败爱数王国，必须先消灭爱数王子和他的参谋长。"

"这和练习射箭有什么关系？"

"鬼算国王告诉我们，这次进攻爱数王国，只用一招就可成功，就是万箭齐射爱数王子和他的参谋长，只要他们俩一死，爱数王国就兵败如山倒，完蛋了！"

爱数王子点点头，心想：鬼算国王这招十分凶狠，如果我们事前不知，还真要吃大亏。想着想着，他手心都出汗了。

前面忽然嚷嚷起来了，爱数王子和杜鲁克走过去一看，是五名士兵在争吵着什么。

五鬼争先

爱数王子走上前问:"你们在吵什么?"

其中一名士兵说:"好了,来明白人了。让这位明白人给咱们评评理!"

王子问:"发生什么事了?"

这名士兵继续说:"我们五个人是一个射箭小组的,其实我们是亲兄弟五个。我叫大鬼,他们分别叫二鬼、三鬼、四鬼和五鬼。"

"哈哈!"杜鲁克忍不住笑了,"又是一群小鬼!"

大鬼没理杜鲁克,继续说:"我们在进行射箭比赛,每次每人射一箭,然后按射中靶子的环数排名。第一名记5分,第二名记4分,然后是3分、2分、1分。不许有并列名次,如果出现,就再射一次。"

王子问:"你们共射了几次?"

"射了5次。结果每人最后的总分各不相同。二鬼总共得了24分,得分最多。三鬼、四鬼和我,得分都不比五鬼少,而五鬼第一次得了5分,第二次得了3分。五鬼的总分应该最

130

少，可是他不服，说自己的得分最高。三鬼、四鬼也说各自得分最高。现在也不知道谁高谁低了。你是明白人，帮我们算算吧。"

"没问题！"爱数王子笑嘻嘻地说，"这么简单的问题，让我的仆人算就成了。"

"啊，推给我了？"杜鲁克无奈地摇摇头。

杜鲁克想了想，说："你们射一次箭就一定会出现 5 分、4 分、3 分、2 分、1 分，加起来是 $5+4+3+2+1=15$（分）。你们一共射了 5 次，总分应该是 $15×5=75$（分）。"

"没错，就是 75 分，连这个小仆人都这么明白！"大鬼

连连点头。

"二鬼总共得了 24 分，其余 4 个鬼呢？"杜鲁克刚说到这儿，大鬼赶紧插话："不是 4 个鬼，是 4 个人！"

"对，是 4 个人。其余的 4 个人共得了 75－24＝51（分）。五鬼第一次得了 5 分，第二次得了 3 分，剩下的三次，就算他每次都是最后一名……"

二鬼插话说："什么叫就算他每次都是最后一名？最后三次，老五次次垫底，每次都是老末！"

"老末也得 1 分哪！5 次加起来是 5＋3＋1＋1＋1＝11（分）。算出来了，五鬼得了 11 分。"杜鲁克完成了任务。

五鬼站出来了："可是，我第一次射得的是第一，5 分哪！第二次射得的是第三，也有 3 分哪！虽然说最后三次没射好，可是我还得过第一呢！"

四鬼出来帮腔："只有把我们哥儿五个的得分都算出来，老五才能服气。"

看来不给他们算清楚真是不成。杜鲁克说："好吧，我来算。大鬼刚才说了，你们射了 5 次，结果每人最后的总分各不相同，而且从大鬼到四鬼，得分都不比五鬼少，这样一来，只有 11＋12＋13＋15＝51，说明二鬼得分最高，五鬼得分最低。虽然大鬼、三鬼、四鬼每人的具体得分我不知道，但一定是 12、13、15 三个数中的一个。"

爱数王子笑着说："看来二鬼射箭有两下子，射了五次，四次第一。"

见有人夸奖他,二鬼骄傲地一扬头,说:"不是跟你吹牛,我长这么大,还没有人能超过我呢!"

爱数王子说:"咱俩比比?"

"比就比,也让你见识见识我的厉害!怎么个比法?"

"每人还是射 5 箭,由于你是射箭高手,计分时就简单点。射中靶心得 1 分,射不中靶心,就是 0 分。"

"好!我先来。"二鬼站好位置,拉弓搭箭,瞄准靶心,大吼一声:"着!"只见箭离弦而去,砰的一声正中靶心。

"好!"周围响起一片叫好声。

二鬼骄傲地冲大家点点头，又射第二箭、第三箭、第四箭，次次射中靶心。二鬼冲爱数王子举起右手，伸开五指，表示5分即将到手。他在一片欢呼声中射出第五箭，这一箭没射中靶心，偏了一点点，周围响起一片惋惜声。

轮到爱数王子了。他拉弓似满月，箭出如流星，啪啪啪啪啪一连5箭，箭箭射中靶心，由于5支箭都射在同一点上，就好像在这一点上开出了一朵箭花。

"好啊！"周围的人掌声雷动，大家为爱数王子出众的箭术拍手叫好。

爱数王子拍拍二鬼的肩膀，安慰他说："你已经很棒了，再练习一些日子，一定能超过我！"

二鬼摇摇头："恐怕没时间喽！明天我们就要出发去攻打爱数王国了。"

"明天就打？"爱数王子听了这个消息，不禁一愣：鬼算国王行动如此迅速，我要赶紧回国进行布置。

正在这时，一队人马跑了过来。领头的不是别人，正是鬼算王子。

鬼算王子听到这里有人大声叫好，就带领卫兵赶了过来，看看究竟发生了什么事情。他一眼就看到了爱数王子，觉得此人非常面熟。鬼算王子一指爱数王子，问："喂，你是从哪儿来的？我怎么看你这么面熟啊？"

爱数王子心中暗暗一惊：我乔装打扮，怎么鬼算王子也能认得出来？爱数王子笑笑说："买卖人，哪儿都去，见的人多了，难免和鬼算王子也见过面。"

"不对！"鬼算王子说，"你不但面熟，而且说话的声音也非常熟悉。让我想想——"

爱数王子一看，不好，要露馅儿了！他立刻向杜鲁克做了个手势，两人骑上马飞快地跑了。

鬼算王子这时才恍然大悟，他一举手中的大刀，高喊："他是爱数王子，那个小个子是他们的参谋长杜鲁克，快追！"

"追啊！你们哪里跑！"鬼算王子领着卫兵催马扬鞭，在后面紧紧追赶。

由于杜鲁克骑术不精，很快就跟不上爱数王子了。爱数王子着急地喊："快！快！"可是杜鲁克的马就是快不起来。

眼看着鬼算王子的马队越追越近，杜鲁克头上的汗吧嗒吧嗒一个劲儿往下滴。鬼算王子的刀都快扎到杜鲁克了。在这紧要关头，侧面杀过来三匹快马，领头的正是铁塔营长。他抡起大刀，当的一声把鬼算王子的刀挡开了。

铁塔营长说："王子和参谋长，你们快走，鬼算王子交给我啦！"说完带领两名士兵和鬼算王子混战在一起。

爱数王子和杜鲁克快马加鞭赶回爱数王国。七八首相领着众官员正在边境线等着他们俩，见两人骑着马回来，大家赶紧迎了上去。爱数王子一挥手："大家迅速回王宫，召开紧急军事会议！"

四兄弟大战野牛山

2203